U0261177

能源知识绘

——万家灯火——

中国电机工程学会　浙江省电力学会　组编

中国电力出版社
CHINA ELECTRIC POWER PRESS

图书在版编目(CIP)数据

能源知识绘. 万家灯火 / 中国电机工程学会，浙江省电力学会组编. - 北京：中国电力出版社，2019.9（2022.9 重印）
ISBN 978-7-5198-3644-3

Ⅰ. ①能… Ⅱ. ①中… ②浙… Ⅲ. ①能源 - 普及读物②电能 - 普及读物 Ⅳ. ①TK01-49②O441.1-49

中国版本图书馆CIP数据核字(2019)第183901号

策　划　肖　兰　汪　敏
编　著　严　浩　郭　亮　陈书贵　肖　兰　汪　敏　刘大伟
手　绘　徐　力　张　晗　侯景书　林丹文　王梦瑶　汪　敏
图片监制　刘大伟
装帧设计　赵丽娟
排版制作　翟可君

出版发行　中国电力出版社
地　址　北京市东城区北京站西街19号（邮政编码100005）
网　址　http://www.cepp.sgcc.com.cn
责任编辑　曹　荣
责任校对　黄　蓓　常燕昆
装帧设计　北京锐新智慧文化传媒有限责任公司
责任印制　钱兴根

印　刷　北京雅昌艺术印刷有限公司
版　次　2019年9月第一版
印　次　2022年9月北京第二次印刷
开　本　889毫米×1194毫米　16开本
印　张　4
字　数　120千字
定　价　45.00元

给你一把钥匙

在大自然中，能量随处可见：炽热的太阳发出光能、热能，河流的落差带来动能、势能，涌动的洋流蕴藏海流能、潮汐能……能量让地球生机勃勃，不断孕育繁衍新生命。

人类社会发展到今天，能源的话题比以往任何时候都更加引人关注，究其根本是人类自我生存的自然环境受到了前所未有的挑战。如何高效清洁地开发利用能源，以满足人类不断发展的需要；如何在环境日趋恶化的现实面前找到可循环再生利用的绿色能源，这些都是人类面临的严峻课题。

迄今为止，人类依然离不开煤、石油、天然气这些便利、有效的化石能源，也在不断探索可再生的风能、水能、太阳能、地热能、生物质能……无论可再生能源还是不可再生能源，都可以转换成经济、实用、清洁且容易控制和转换的电能。

电能给人类带来光明，给社会带来动力。有了电能，声音可以高低转换，画面可以被分享至千里之外，飞架南北、横贯东西的电网可以将电能源源不断地输送到各个角落，让电动机车疾驰，让城市霓虹闪烁……如果说蒸汽机被视为引爆工业革命的火花，那么电能就是推进现代人类社会文明发展的强大引擎。

《能源知识绘》丛书共有6个分册，分别为《万家灯火》《大显身手》《电从哪里来》《传统能源》《可再生一族》和《各尽所能》。本书为《万家灯火》分册，共包括6个知识单元，介绍了电能在照明、通信、交通等行业中发挥的强大作用，以及电能在日常工具、家用电器、智能家居和电子娱乐等方面扮演的重要角色。从璀璨的万家灯火到日行千里的交通工具，电能改变了人类的生活方式。

今天的人类离不开能源，未来人类对能源的利用将不断发展。知识没有空间和时间的边界，好奇是求知的本能和动力。启发和陪伴读者领悟科学的真谛、感受技术发展的魅力是编写本书的初衷。亲爱的读者，如果你想探索能源的奥秘，打开未知世界的知识宝库，《能源知识绘》便是这样一把钥匙。

《能源知识绘》编委会

目 录

光明的轨迹

闪电，瞬间划亮黑暗的天空，也给进化的人类带来火的认知，从而有力地促进了人类的进化。随后，智者们发明了各种可控、安全、经济的燃料照明工具，照亮了人类前行的道路。而同样是闪电，又启迪人类发现了电，并发明了划时代的电灯，一举终结了漫长的依靠火光照明的生活方式。不懈努力的人类在近代又发明、完善了手电筒，为人们出行的随身照明提供了巨大便利。今天，电发光体不断发展，以多彩的形式照耀着人类的世界。

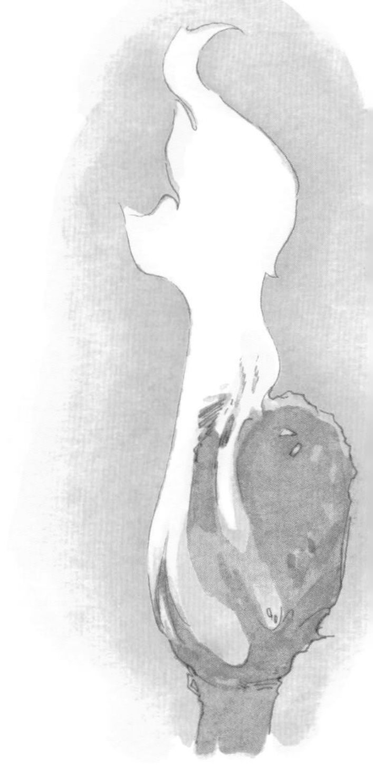

薪火之光

人类生活除了水、空气、食物等必需用品之外，光一直影响人们的作息，日出而作、日落而息。在漆黑的夜晚，人类最早见到的亮光是天上的月亮和夜色中一闪一闪的萤火虫。在人们学会钻木取火以后，人类的照明经历了从火、油、蜡烛到电灯的发展历程。火把就是在棍棒的一端扎上易燃物，再蘸上油点燃来照亮黑夜，这是人类最原始的照明方式之一。

■ 人类最原始的照明方式之一——火把

■ 用来照明、取暖和烧烤食物的薪火

早期油灯

早期的油灯是以动物油脂或植物油作为燃料，为人们照亮黑夜的生活用具。它的起源早、使用时间长，是人类文明历史发展的一个佐证。动物油脂是从动物体内取得的油脂，人们熟悉的有猪油脂、牛油脂、羊油脂等。植物油则是从广泛分布于自然界的果实、种子、胚芽中得到的，如花生油、豆油、菜籽油等。

■ 古罗马时代的油灯

■ 古代犹太人使用的油灯

■ 中国西汉时期以动物油作为燃料的铜灯

蜡烛之光

蜡烛是一种常见的照明用具，主要由石蜡制成。在古代，蜡烛通常由动物油脂制作，它可以燃烧发出光亮。蜡烛起源于原始时代的火把。古代人最早是将脂肪或者蜡一类的东西涂在树皮或木片上，捆扎在一起做成照明用的火把。后来有人用布缠上一根空心的芦苇，里面灌上蜜蜡点燃用于照明。如今，蜡烛之光被赋予更多的感情色彩，例如情侣相约、生日晚餐、对未来的祈祷等等，特别是在有纪念意义和喜庆的日子里，人们往往会点起蜡烛。

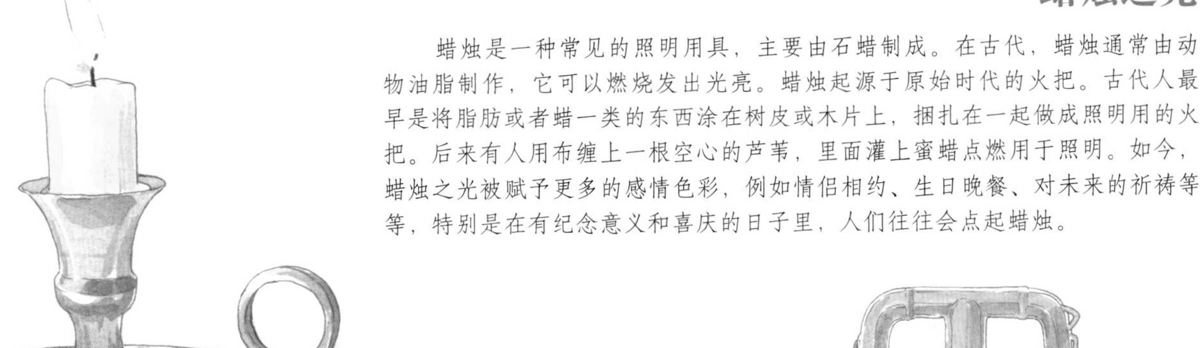

■ 照明用老式蜡烛

煤油之光

煤油灯是通过点燃煤油进行照明的用具。为了防止风把火吹灭，人们给煤油灯加上了罩，从早期的纸糊罩到后来改用玻璃罩，其形状如两头小中间大的橄榄，里面装的是灯头，灯头一侧有一个可把灯芯调进调出的旋钮，以控制灯的亮度。早在9世纪的巴格达，就已有使用煤油灯的记载，而近代的煤油灯是在1853年由波兰发明家发明的。清末，煤油灯被引入中国。

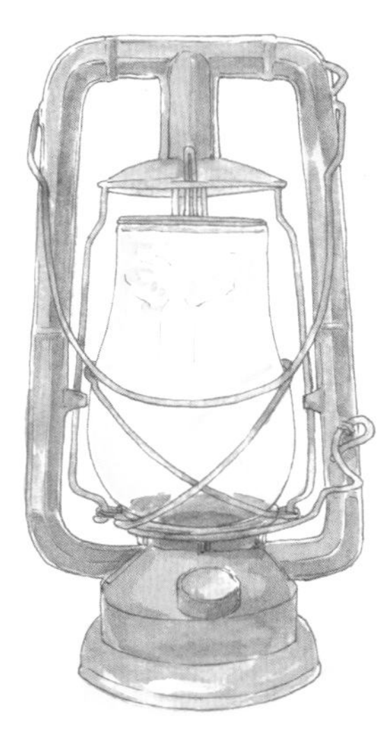

■ 民国时期从美国进口的煤油灯

电的发现

人们认识电是从摩擦起电开始的。早在公元前6世纪，古希腊哲学家泰勒斯（Thales）就发现琥珀摩擦后能吸引轻小的物体。16世纪末，英国人吉尔伯特（William Gilbert）建议把琥珀的这种奇怪的现象叫作“电”，英文中的“电”就是从希腊语“琥珀”转化而来的。而他发明的电针则是早期测量电的工具。

闪电是云层中一团电荷跳到地面引发的巨大电火花，物体被闪电击中可能被烧焦。由美国科学家富兰克林（Benjamin Franklin）发明的避雷针能将闪电引入地下。

■ 英国物理学家吉尔伯特

由轻木料制成的细长水平指针

支杆

■ 吉尔伯特发明的电针（模型）

正电和负电

1734年，法国化学家杜菲（Du Fay）发现两块摩擦带电的琥珀互相排斥，两条摩擦带电的玻璃棒也会互相排斥，而带电的琥珀和带电的玻璃棒会互相吸引，当它们接触后两者的带电现象都消失了。杜菲称它们为“琥珀电”和“玻璃电”，并发现这两种电具有同性相斥、异性相吸和“中和”消失的特性。后来，富兰克林建议把“玻璃电”称为“正电”，用“+”号表示；把“琥珀电”称为“负电”，用“−”号表示。他的建议得到认同和采纳。

■ 法国化学家杜菲

■ 带电的琥珀和带电的玻璃棒会互相吸引

爱迪生的发明

从1878年9月到1879年10月21日，爱迪生（Thomas Alva Edison）在研究试用了近1600种材料之后，终于找到一种竹丝。他把这种竹丝炭化后封接在抽出空气的玻璃罩里，通电后发出洁白而稳定的光。在连续用了45个小时之后，这盏电灯的灯丝才被烧断，这是人类第一盏具有广泛实用价值的白炽灯。1910年，美国通用电气公司采用耐高温的金属钨丝代替竹丝，极大地推广了白炽灯的使用。

■ 拥有千余项专利的爱迪生

■ 走进千家万户的各种灯具

灯的演进

电灯是将电能转换为光的器件，学名为电光源。白炽灯的发明结束了人类利用火的光亮来照明的岁月，步入使用电光源的照明时代。“灯”的演进分为4个阶段：1879年到20世纪30年代为白炽灯的发明、改进、成熟时代；1959年发明的卤钨灯被称为第二代照明光源；通过激发附着在玻璃管内壁的荧光粉，转换成可见光的荧光灯为第三代照明光源；进入21世纪后，固体发光的第四代照明光源LED灯独领风骚。电光源一般分为热辐射光源（如白炽灯、卤钨灯）、气体放电光源（如荧光灯）、固体发光光源（如LED灯）。

白炽灯

白炽灯是将灯丝通电加热到白炽状态，利用热辐射发出可见光的电光源。用耐热玻璃制成泡壳，内装灯丝，再加上导线、灯头等构成了白炽灯。白炽灯的光色和集光性能很好，自诞生后受到广泛的欢迎。但由于灯丝所耗电能仅有一小部分转为可见光，发光效率仅为13%左右，而且灯丝容易断裂，再加上世界各国从节约能源和减少温室气体排放的大局出发，白炽灯已陆续退出生产和销售环节。中国规定2016年以后停止生产和销售白炽灯。

■ 寿命只有1500小时左右的白炽灯

■ 汽车上的卤钨灯

卤钨灯

卤钨灯是一种充气白炽灯，利用玻壳里填充的微量卤族元素或卤化物质的化学反应来提高发光效率和使用寿命。在普通白炽灯中，灯丝的高温造成钨的蒸发，蒸发的钨沉淀在玻壳上，产生灯泡玻壳发黑的现象。1959年，人们发明了卤钨灯，利用卤钨循环原理消除了这一发黑的现象。卤钨灯因光效高、寿命长等优点而被广泛用作汽车的车灯。

荧光灯与节能灯

荧光灯俗称日光灯，它的发光效率高、寿命长、发热量小、光色可根据需要选择，因而被广泛用于办公室、学校、图书馆、商场等场所。节能灯又称为省电灯泡、电子灯泡、紧凑型荧光灯及一体式荧光灯，它是将荧光灯与镇流器组合成一个整体，仅耗费普通白炽灯用电量的1/5~1/4，从而可以节约用电。节能灯的尺寸、灯座的接口均与白炽灯相同，可以直接替换白炽灯。节能灯学名为稀土三基色紧凑型荧光灯，于20世纪70年代诞生于荷兰的飞利浦公司。

■ 耗电量仅为普通白炽灯的1/5~1/4的节能灯

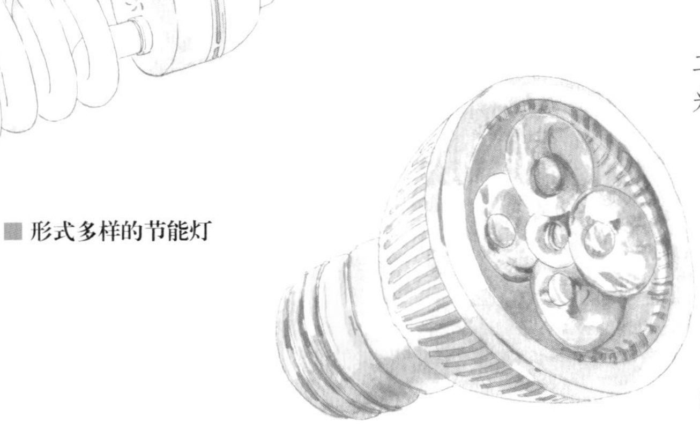

■ 形式多样的节能灯

LED灯

LED灯是继爱迪生发明电灯泡以来的第二次光革命。它被称为第四代照明光源或绿色光源，具有节能、环保、寿命长、体积小等特点，被广泛应用于各种指示、显示、装饰、夜景照明。21世纪开始，LED灯成为光世界的新宠。LED灯可以直接发出红、黄、蓝、绿、青、橙、紫、白色的光。要达到LED灯10瓦的亮度，节能灯需要20瓦的功率，白炽灯需要100瓦的功率。LED灯的寿命是50000小时，节能灯的寿命是5000小时，而白炽灯的寿命只有1500小时。

■ LED灯

■ 公园里的LED灯

■ 日裔美籍电子工程师中村修二和他发明的蓝光LED灯

手电筒

手电筒是19世纪末问世的一种手持式电子照明工具，由一个经由干电池供电的灯泡和聚焦反射镜形成照明光。100年前，休伯特（Conrad Hubert）把一个小电灯泡和干电池组合在一起，发明了可移动并便于手持的电照明工具。虽然早在1868年法国化学家乔治·勒克朗谢（George Leclanche）就发明了干电池，但把干电池和小灯泡结合起来的手电筒在人类照明史上仍是一个了不起的成就。直到今天，手电筒在人们生活中依旧发挥着重要作用。

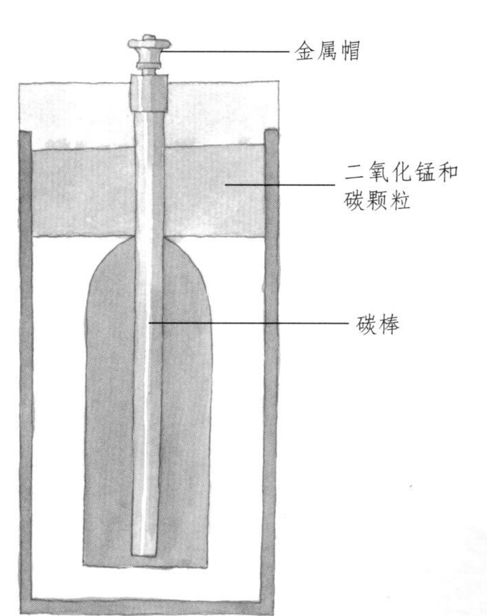

■ 惠勒森干电池构造示意图

■ 早期的手电筒

灯塔

灯塔是位于海岸、港口或河道，用以指引船只方向的建筑物。为方便船只分辨，在高高的塔顶装设灯光设备，透过塔顶的透镜系统，将光芒射向海面（河道），为航行的船只照明。由于地球表面为曲面，因此灯塔塔身必须有充分的高度，才能使远处的船只看见灯光。一般视距为15～25海里。位于埃及法罗斯岛上的亚历山大灯塔是古代世界七大奇迹之一。现代灯塔使用电能，有些灯塔由太阳能发电供应电力。

■ 古代世界七大奇迹之一的亚历山大灯塔

交通信号灯

交通信号灯，有公路交通信号灯（俗称红绿灯）和铁路信号灯等。交通信号灯可以减少交通事故的发生，并提高道路的使用效率。1868年12月10日，在伦敦议会大厦的广场上诞生了城市街道的第一盏交通信号灯，它的灯柱高7米，身上挂着一盏红绿两色的提灯——煤气交通信号灯。由于火车是按固定的时刻表方式运行的，而且高速行驶的火车很难随时停车，因此铁路上使用的信号灯通常只有一种命令：通行。

■ 1926年美国华盛顿的交通信号灯

■ 铁路信号灯

■ 繁华的城市灯光汇集

道路照明

道路照明用于提高夜间车辆行驶和行人行走的安全性，防止发生交通事故。道路最初是用点燃的火把照明，后来逐步发展为用油灯、汽灯、电弧灯、碳丝白炽灯、高压汞灯等来照明。如今，道路照明的主流光源为高压钠灯。新型节能光源（如LVD无极灯、LED灯和新型索明氙气路灯）也已逐步应用到道路照明中。中国最早于1865年在上海南京路上安装了10盏煤气灯；1882年在上海外滩点亮了15盏电弧灯，由此开启了中国电力工业的历程。

■上海黄埔江夜景

闪烁的霓虹

城市夜幕下闪烁的霓虹灯具有亮、美、动的特点，在各类新型光源不断涌现的今天毫不逊色。霓虹灯是用充有稀薄氖气或其他稀有气体的通电玻璃管或灯泡制成的一种冷阴极辉光放电管，其辐射光谱具有极强的穿透大气的能力，因而使得色彩鲜艳绚丽，且发光效率高。它的线条结构表现力丰富，可以加工弯制成任何几何形状来满足设计的要求，并通过电子程序控制满足人们对图像和文字变换色彩的需要。

景观照明

景观照明在城市中既有照明功能，又兼有艺术装饰和美化环境功能。它是结合景观特性和周边环境，利用灯光再现城市人文和自然景观的夜间照明。人们常见的照明方式有将照明光源或灯具与建筑物外表相结合的夜景照明、用投光灯将光直接照射到建筑物上的夜景照明、用点光源每隔一定间距连续安装形成光带的夜景照明。景观照明通过景观特有的形态和空间让人们在夜间享受美的视觉效果。

■用无电极灯泡照明的伦敦大本钟

广告照明

利用灯光照明或显示广告牌体的照明设施和技术即为广告照明。良好的广告照明对传播信息、宣传产品、美化城市、丰富人们的夜生活均具有重要的作用。广告照明又有霓虹灯广告照明、投光广告照明、灯箱广告照明、大屏幕显示屏广告照明、投影广告照明等多种。中国对不同区域与不同面积的广告照明的亮度均有明确规定，如采用投光灯的广告照明散射到广告外的光不应超过20%。

■ 纽约时代广场的广告照明

■ 手术室中的应急照明

■ 机场的安全指示照明

安全照明

在正常照明电源因故障中断时，为确保处于潜在危险中的人的安全而设置的应急照明是安全照明。对于正常照明故障能使人陷入危险之中的场所，需设置安全照明，其照度不宜低于该场所一般照明照度的5%～10%，并需设置疏散照明。对于进行危重医疗工作等场所，通常将安全照明系统设计成能提供与正常照明相同的照度。

与世界沟通

今天，能以梦幻般的速度形容其发展的非电信技术莫属。滴答传言的电报和只闻其声的电话几乎是在一夜之间消失于无形。在人们尚未完成对基于互联网的电子邮件的评判之时，以手机为代表的智能终端便已在移动互联网上成为主流，并且，以用户体验最好的微信为代表的可同时传送语音、文字、图片和视频的即时通信技术走进生活，成为人们的日常必需。当电和光的传输帮助人们实现了现实社会中从天空到地面再到海洋深处全面互联互通以后，各种社交平台又构建了一个全新生态的虚拟社会。

■ 英国物理学家惠斯通

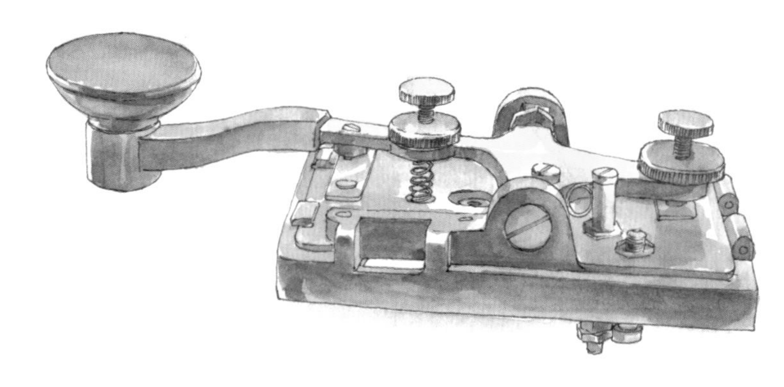

■ 摩尔斯电码发报机

惠斯通电报机

第一次使用电桥精确测量电阻的是英国物理学家惠斯通（Charle Wheatstone），人们将他所使用的电桥命名为惠斯通电桥。1834年，他在实验中用旋转镜测量了导体中电流的速度。根据他的提议，这种旋转镜被用于测量光速。1837年，他同英国科学家库克一起在英国展示了他们利用指针偏转发、收电脉冲的电报机，随后，取得了早期有线电报的专利，并大批生产、销售。

摩尔斯电码与电报

19世纪30年代，美国人摩尔斯（Samuel Morse）成功地利用电流的“通断”和“长短”代替了人类的文字传送，这就是鼎鼎大名的摩尔斯电码（又称摩斯电码）的原理。摩尔斯电码的发明，拉开了电信时代的序幕，开创了人类利用电作为载体来传递信息的历史。电报实现了即时远距离通信。早期电报线通常是沿着铁路轨道架设的，它的发展与铁路网建设同步。随着电话、手机、传真、互联网等通信方式的发展，民用领域电报已经不再使用。

■ 摩尔斯利用电磁铁的发报机发报

贝尔与电话

19世纪美国发明家贝尔（Alexander Graham Bell）发现，经由电磁感应，会使不同的声调在电线中产生不同的电信号，同时他还发现变动的电信号可以使膜片振动而产生声波。这些特性正是电话的基本原理。这种可以传送与接收声音的远程通信设备，就是贝尔发明的第一部电话机。这项发明获得专利之后，贝尔创建了贝尔电话公司（AT&T公司的前身）。

■ 贝尔用电话机通话

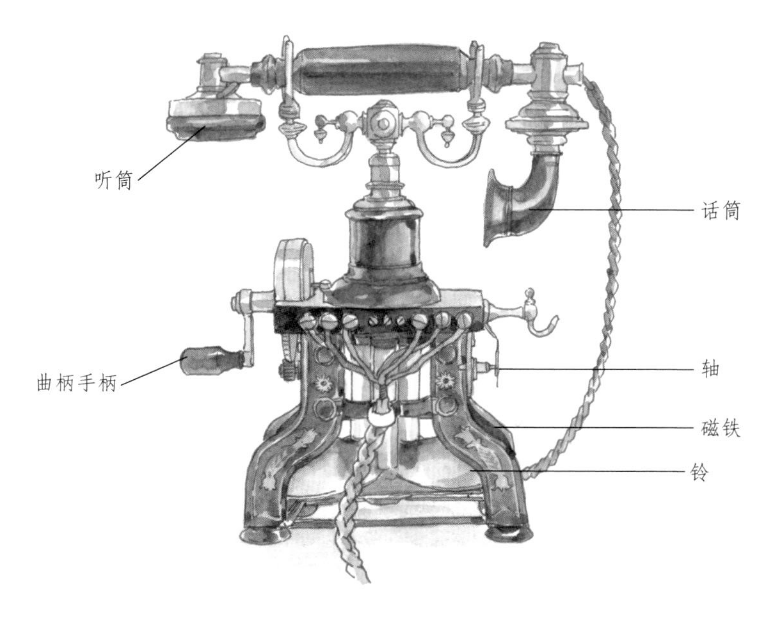

■ 19世纪手摇电话构造示意图

■ 1884年的英国电话接线生

总机与接线生

电话出现以后，分隔在不同地方的人们就开始广泛使用电话进行联络了。为了方便更多的人利用电话沟通，人们发明了用总机来帮忙接通电话。方法是将连接到发话者插头插进收话者的插座内，收话者便可与发话者直接对话了。从事这项工作的人就是早期的接线生。伦敦附近的克洛顿总机成立于1884年。

赫兹与无线电

德国物理学家赫兹（Heinrich Rudolf Hertz）于1888年首先证实了无线电波的存在，从而证明电信号可以穿越空气，这一理论是发明无线电的基础。为了纪念他的这一伟大的发现，频率的国际单位以他的名字命名。1901年12月12日，扎营守候在加拿大东南角的纽芬兰信号山的马可尼（Guglielmo Marconi）用气球和风筝架设接收天线，接收到来自英国西南角康沃尔的通过大功率发射电台发送的“S”字符的摩尔斯电码。这是人类第一次跨过大西洋的无线电通信，这一消息轰动了全球。无线电技术最早应用于航海中，使用摩尔斯电报在船与陆地间传递信息。

■ 德国物理学家赫兹

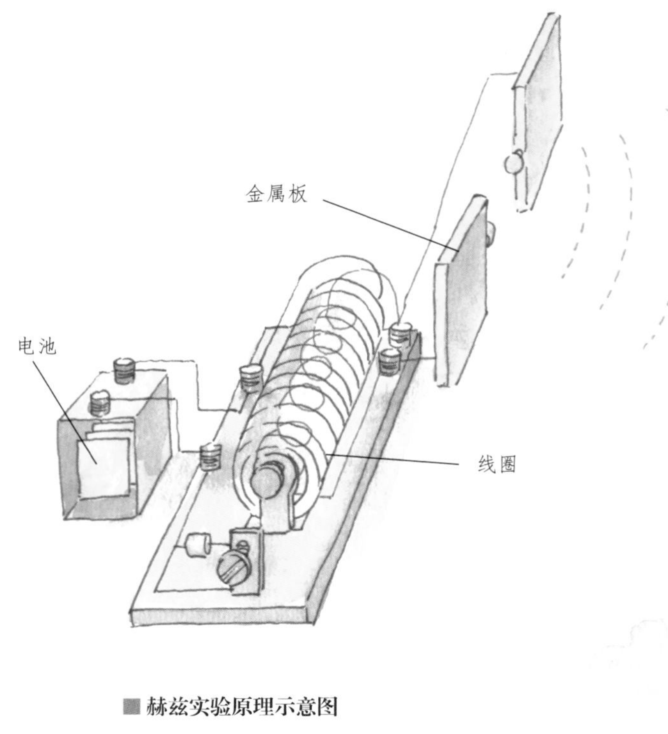

■ 赫兹实验原理示意图

早期的海底电缆

早期的海底电缆是用绝缘材料包裹的、铺设在海底的通信电缆。世界第一条海底电缆是1850年在英国和法国之间铺设的。1866年，英国在大西洋铺设了一条连接英美两国的海底电缆。1876年，贝尔发明电话后，各国大规模铺设海底电缆的步伐加快了。1902年环球海底通信电缆建成。

■ 1866年英国在大西洋铺设海底电缆

高锟与光纤

香港中文大学前校长高锟是著名的华裔物理学家、教育家，光纤通信、电机工程专家。他在20世纪60年代提出光纤可以用于通信传输的设想，当时被指“痴人说梦”。1981年，高锟制造出世界上第一根光导纤维（简称光纤），因此被誉为“光纤之父”。高锟的发明改变了世界通信模式，为信息高速公路奠定了基石，并使影像传送、电话和计算机有了极大的发展。高锟因此获得2009年诺贝尔物理学奖。

■ “光纤之父”高锟

光纤通信与光纤入户

光在光导纤维（简称光纤）中的传导损耗比电在电线传导的损耗低得多。光纤通信具有传输容量大、传输距离远、损耗小、抗电磁干扰、保密性好等优点。光纤入户又被称为光纤到屋，是基于光纤电缆并采用光电子将诸如电话三重播放、宽带互联网和电视等多重高档的服务通过一根光纤传送到用户的，实际上就是宽带电信系统。光纤通信现在已经成为当今最主要的有线通信方式。

■ 海底光纤敷设船

电子邮件

电子邮件是互联网应用最广泛的服务之一。用户可以用非常低廉的价格（不管发送到哪里，都只需负担网费）、非常快速的方式（几秒钟之内可以发送到世界上任何指定的目的地），与世界上任何一个角落的网络用户联系。电子邮件于20世纪70年代发明，80年代兴起。到90年代中期，互联网浏览器的诞生，使全球网民人数激增，电子邮件才被广为使用。

■ 取代了传统通信方式的电子邮件

移动互联网

移动互联网是一种采用移动无线通信方式获取信息和服务的互联网络，包含终端、软件和应用三个层面。终端有智能手机、平板电脑、MID（移动互联网设备）等；软件包括操作系统、中间件、数据库和安全软件等；应用层包括休闲娱乐类、媒体类、商务财经类等不同应用与服务。

■ 让沟通更便捷的移动互联网

手机与锂电池

手机是人类通信史上的重大发明。传统手机只能拨打和接收电话、收发短信。智能手机是基于移动互联网设计的、可随意安装或卸载应用软件，用户可自行按需安装游戏、导航等第三方服务商提供的程序，从而享受文字、图像、声音和视频的即时传递。随着其应用范围的拓宽和应用平台的发展，手机已完成从单一的通信到智能终端的转变。移动通信及智能终端的迅猛发展离不开为其提供电能的锂电池技术的同步发展，锂电池具有体积小、质量轻、充电快、容量大、寿命长的特点，为电器设备便携化提供了有力保障。

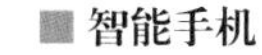

■ 智能手机

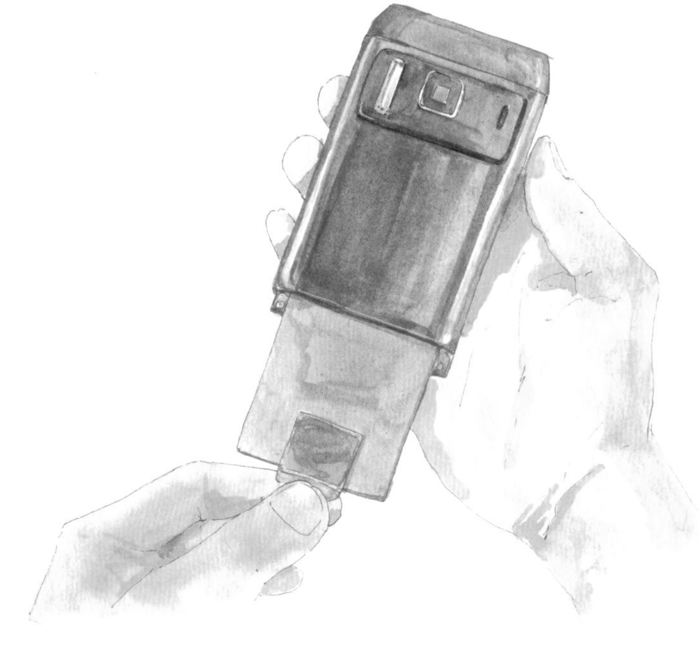

■ 锂电池

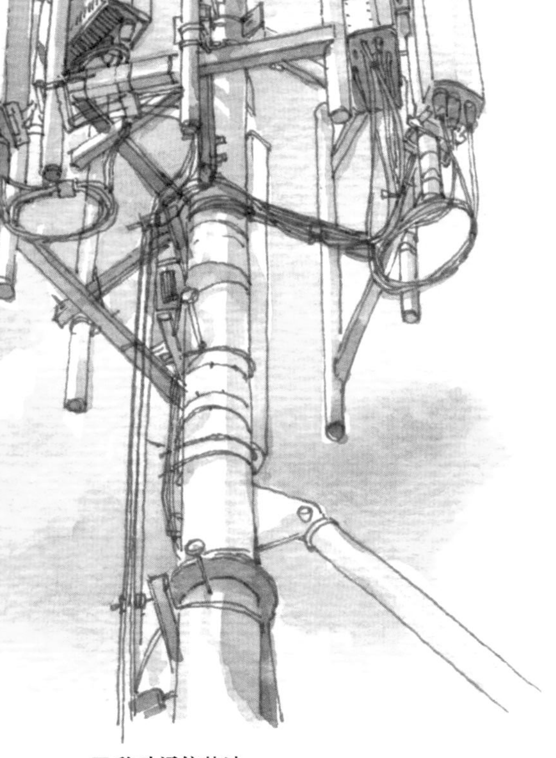

■ 移动通信基站

移动通信网

1G移动通信网络诞生于20世纪70年代，是实现语音通话的模拟蜂窝移动通信。2G移动通信系统克服了1G系统语音质量差、保密性差的不足，并开始提供数据通信服务，如发送短信和彩信，开始具有低速上网功能。2009年初，中国颁发3G牌照，3G时代已统一标准，快速上网，并支持多媒体移动通信。2013年12月4日，中国移动获得4G牌照，4G移动通信具有信号稳定、干扰少，并实现了视频通信的高清化、高质化和长时化。2019年3月30日，中国上海率先建成全球首个5G网络并投入试运行，标志着5G时代的到来。

社交平台

社交平台实际上就是网络社区类服务软件，它连接着有相同利益或话题却身处不同地区的人们，为他们传播信息或提供服务。社交平台的更迭日新月异，微博、微信、QQ等社交平台作为互联网的元素，共同组建了一个社交时代，使社交平台成为互联网应用的基本元素，网络购物、电子支付、网络游戏、网络视频、搜索引擎等服务纷纷引入社交元素，并已成为现代社会人们交往的一种常态。

■ 日新月异的社交平台

微信

2011年1月21日，腾讯公司推出了一个为智能终端提供即时通信服务的应用程序，它支持跨通信运营商、跨操作系统平台通过网络快速发送免费语音短信、视频、图片和文字，只需消耗网络流量。微信提供公众号、朋友圈、消息推送等，用户可以通过“摇一摇”“搜索号码”“附近的人”“扫二维码”等方式添加好友或关注公众号，并将微信内容分享给好友或在朋友圈分享。

■ 方便快捷的视频聊天

■ 亮丽的街景——快递小哥

网上购物

网上购物是指通过互联网完成购物交易的过程。1999年底，随着互联网浪潮来临，中国网上购物的用户规模不断上升。当当网和卓越网是中国早期网上购物的拓荒者之一，他们以低价位的图书作为网络购物的切入点，借助快递配送和货到付款的交易流程，开始逐步建立自己的市场。2006年开始，中国的网购市场开始得到快速发展。网上购物交易的可信度、物流配送和支付等方面的瓶颈也被逐步打破。如今，伴随网上购物一起发展起来的快递行业已成为一道亮丽的街景。

■ 随时随地的手机购物

电子支付

电子支付是通过第三方提供的与银行之间的支付接口进行的即时支付方式。这种方式的好处在于可以直接把资金从用户的银行卡中转账到网站账户中，汇款马上到账，不需要人工确认。客户和商家之间可采用信用卡、电子钱包、电子支票和电子现金等多种电子支付方式进行支付，采用电子支付的方式节省了交易的开销。完善的电子支付系统支撑了逐步成熟的电子商务运作。一个有效支撑电子商务快速发展的电子支付系统已经构建起来。

■ 安全便利的电子支付

移动的风景

交通和运输是现代人类生活的每日之需。当我们走得越来越远、越来越快的时候，人们发现自己为此付出了沉重的代价——化石燃烧的附加排放已经威胁到人类生存的环境。因此，电驱动自然成为全球的首要关注和发展方向。无论是城市中人们出行离不开的有轨电车、无轨电车，还是人们用三五小时就能从北方到南方的高速电气化铁路，电都是帮助人们完成出行的神奇动力。当电能存储技术突破瓶颈时，可以期待电驱动的交通工具会更加高速地将我们带向远方。

■ 哥伦布远航发现新大陆

交通工具的演进

交通工具是人们代步或运输的装置。不论是古代借助动物驱动的马车、牛车，还是以哥伦布远航为代表的、中世纪欧洲各王国为扩充财富而纷纷建立的贸易航线；不论是使用最为广泛的自行车还是汽车（电动车）、火车（高铁）、飞机，交通工具都是人们生活中不可缺少的部分。方便的交通促进了不同地区文化的交流和人类的进步。

电动车

电动车，即电力驱动车。电动车可分为交流电动车和直流电动车。通常说的电动车是以电池作为能量来源，通过控制器、电动机等部件，将电能转化为机械能，通过控制电流大小来改变车辆行驶的速度。电动车的历史比内燃机驱动的汽车要早。美国人达文波特（Thomas Davenport）于1834年制造出第一辆用直流电机驱动的车辆。世界上第一辆电动汽车是法国工程师特鲁夫（Gustave Trouvé）发明的，它诞生于1881年，以铅酸电池作为动力。

■ 早期的电动车

有轨电车与无轨电车

有轨电车是采用电力驱动并在固定的轨道上行驶的轻型轨道交通车辆。无轨电车由架空接触导线供电、电动机驱动，是不依赖固定轨道行驶的道路公共交通工具，可实现在没有架空接触网的路段离线行驶。19世纪80年代初，德国发明家西门子（Ernst Werner von Siemens）展示了他发明的有轨电车和无轨电车。有轨电车和无轨电车都以电力驱动，没有废气排放，因而是无污染的环保型交通工具。

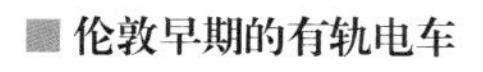

■ 伦敦早期的有轨电车

城市地铁

城市地铁是修建在城市地下隧道内的一种高效、大运量、全封闭的客运交通系统。地铁列车均采用由电动客车组成的动车组，具有快速、安全、准时、节能等优点。世界第一条地铁是始建于1853年、1863年正式投运的英国伦敦的大都会地铁。1969年10月1日，中国第一条地铁——北京地铁1号线建成通车。进入21世纪后，中国各大城市为缓解公共交通压力，纷纷开展地铁的建设，中国地铁技术已经引领世界。

■ 繁忙的城市地铁

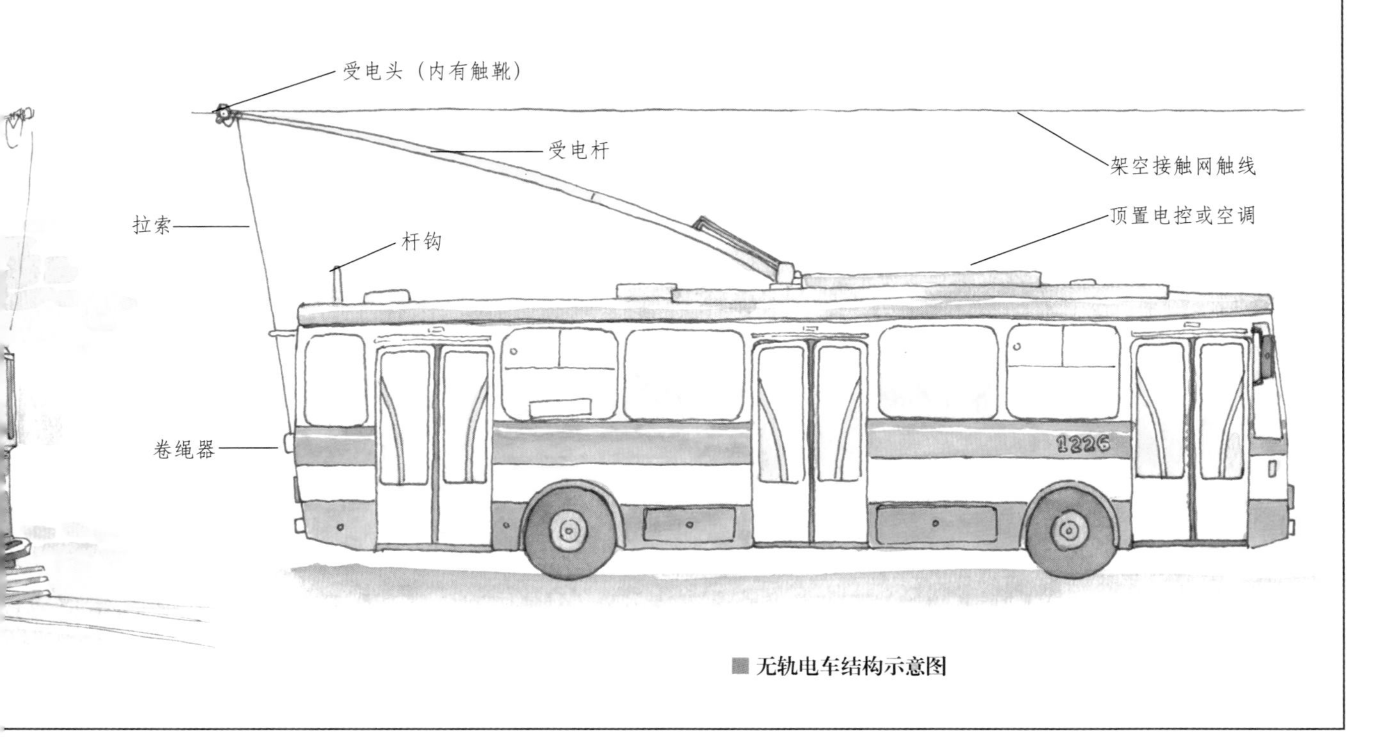

■ 无轨电车结构示意图

磁悬浮列车

磁悬浮列车通过电磁力实现列车与轨道之间的无接触悬浮和导向，再利用直线电机产生的电磁力牵引列车运行，它具有快速、低耗、环保、安全等优点。20世纪60年代，德国、日本相继开展磁悬浮运输系统的研发。2006年开始运行的上海龙阳路—浦东机场磁浮铁路是中国首条磁悬浮列车线路，也是世界上第一条投入商业化运营的磁悬浮列车示范线路。2016年5月6日，中国首条具有完全自主知识产权的中低速磁悬浮商业运营示范线路——长沙磁浮快线开通，这也是世界上最长的中低速磁悬浮运营线路。

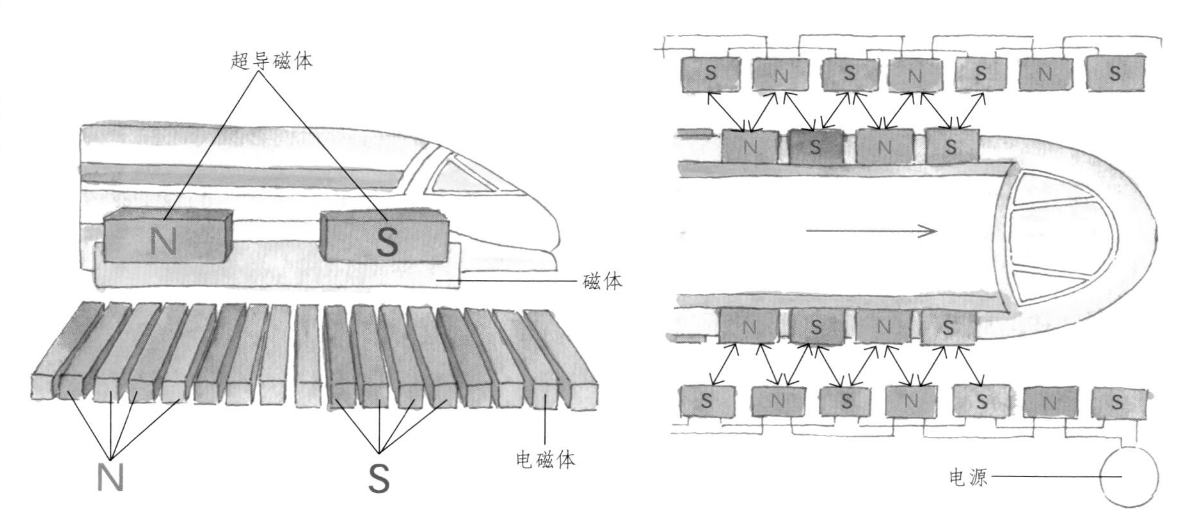

■ 磁悬浮列车原理示意图

电动汽车

电动汽车以电能为动力，用电机驱动车轮行驶，它能减少污染物排放、改善城市空气质量。电动汽车的使用需要一定的配套设施，即电动汽车充电桩。1888年，英国华德电气公司制造了世界第一辆电动公共汽车。1996年，美国通用汽车公司推出EV1电动汽车。2008年至今，美国特斯拉公司先后发布了多款令世界为之疯狂的纯电动汽车。2011年，中国比亚迪公司推出的E6型纯电动汽车在深圳作为出租车交付使用。电动汽车分为纯电动汽车、混合动力汽车、燃料电池汽车等。

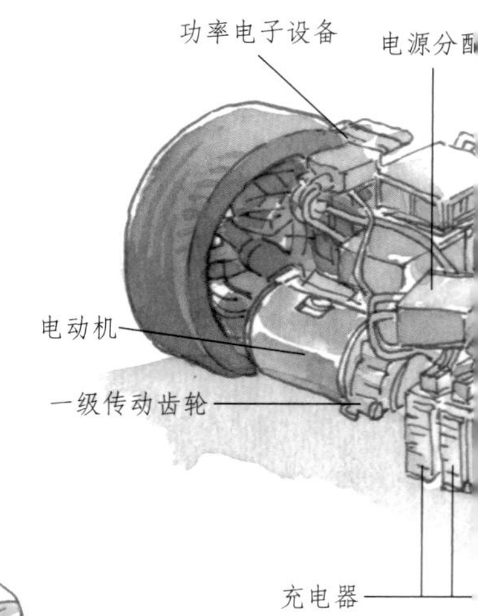

■ 时尚的电动汽车

充电桩

充电桩是为电动汽车的动力电池进行充电的装置，类似于汽车加油站的加油设备。充电桩的输入端与交流电网直接连接，输出端装有为电动汽车充电的插头。充电桩有常规充电（交流）和快速充电（直流）两种方式，充电桩显示屏能显示充电量、费用、充电时间等数据。交流充电输出功率小、充电速度较慢，多建在住宅小区的停车场内。直流充电输出功率大、充电速度快、自带充电连接线，多建在公共运营的停车场所或专门的充电站内。

■ 电动汽车充电桩

移动充电

一种移动充电指的是通过电磁感应线圈实现，如太阳能公路，在阳光的照耀下，路面下的太阳能电池把光能转换成电能，充电电池与电动汽车之间以磁场传递能量，而不是电线，电动汽车在行驶过程中完成无线充电。另一种则是利用便携式充电设备（如移动电源）对手持式移动设备进行充电。手持式移动设备有手机、笔记本电脑、无线电话等。便携式充电器最常见的就是充电宝，它是随着数码产品的普及而发展起来的，其作用就是随时随地给手机等数码产品进行充电。

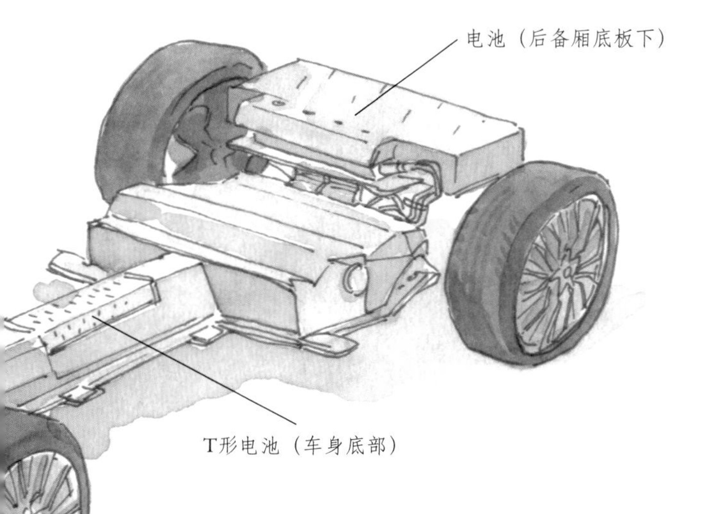

■ 电动汽车结构示意图

■ 移动充电

高铁

高铁是高速电气化铁路的简称。世界上第一条高速电气化铁路是1964年建成的日本新干线（东京—名古屋—京都—大阪），全程515.4千米，设计速度超过200千米／小时。1981年，法国巴黎—里昂的线路开通，运营速度达270千米／小时。2008年8月中国建成第一条时速350千米／小时的京津城际高铁，2011年7月建成京沪高铁。此后和谐号、复兴号动车组引领中国高铁技术走向世界前列。2018年12月9日，具有完全自主知识产权的“复兴号”中国标准动车组项目获第五届中国工业大奖。

■ 飞驰的动车组

飞机上的电生活

飞机是20世纪初最重大的发明之一，由美国人莱特兄弟（Wright Brothers）发明。飞机已是现代文明不可缺少的交通工具。它极大地缩短了人们旅行花费在路途上的时间。现代科技的发展，让人们在飞机上能够收听广播、收看电视、点播电影，甚至能够在飞机上点餐、购物、玩电子游戏、上网。手机的飞行模式只是关闭了手机的信号发射，而手机本身是开着的，其他功能仍可正常使用，如拍照、玩游戏、离线阅读等。一些航空公司已提供机上无线网络供机上乘客的手机使用，不用开启飞行模式就能使用。这一切的现代生活都源于“电”。电，让人们走得更远！

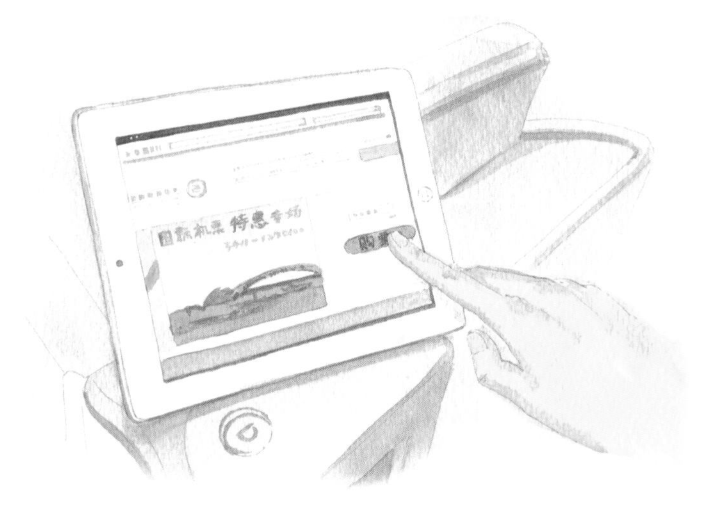

■ 飞行中的便捷享受

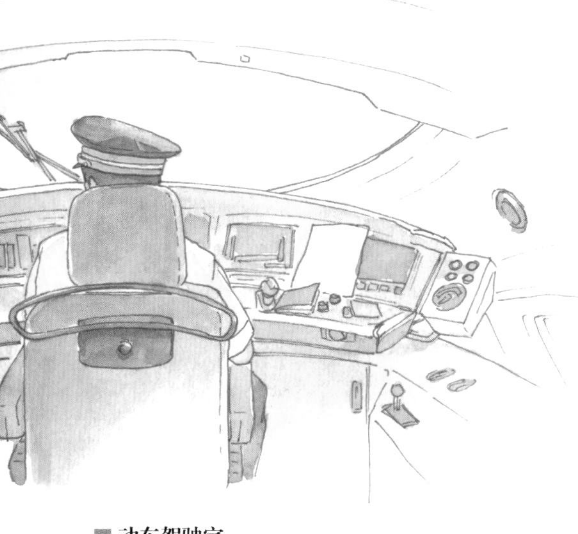

■ 动车驾驶室

无人驾驶汽车

历史的发展总比人们想象得要快。当我们还在对眼花缭乱的各型汽车进行各种比较时，无人驾驶汽车正在从梦想走向现实。2018年初，商用L4级无人驾驶车试行上路。无人驾驶技术分为6个等级。L4级是指高度自动驾驶，车厢内取消驾驶室，不再有方向盘，但需要在设定的路线上行驶；L5级则是指完全自动驾驶，可以行驶在任意路线上。2019年北京至雄安高速公路开工建设，京雄高速的设计将体现智慧创新的理念，其内侧两条车道为自动驾驶车道，能够实现车路协同和自动驾驶。

■ 无人驾驶汽车

■ 汽车上的导航系统

地理位置导航系统

如今，人们出行最得力的助手之一就是地理位置导航。随着智能手机的普及，无论是手机上的各类地图导航APP，还是汽车自身的车载导航系统，都具有定位、目的地选择、路径计算和路径指导等功能。地理位置导航是通过电信运营商的移动通信网络，采用卫星导航系统、定位技术，结合地理信息系统，为用户提供的地理位置服务。全球卫星导航系统有中国北斗卫星导航系统（BDS）、美国全球定位系统（GPS）、俄罗斯格洛纳斯卫星导航系统（GLONASS）、欧洲伽利略卫星导航系统（GSNS）等。

得力的助手

电能的应用以摧枯拉朽之势扫荡了农耕社会的每一个角落，深刻地改变着人类的生活模式。家用电器作为现代科学技术发展的产物，把人们从繁重的家务劳动中解放出来。回望过去，手工洗衣、每日三餐，是家庭主妇无法逃避的辛苦家务。如今，全自动洗衣机、洗碗机，高效的各类烹饪器具，便捷的种种清洁器具，成为人们得力的助手。它们为人们创造方便、舒适的生活和工作环境，改变了人们的生活面貌，提升了人们的生活质量，让生活色彩纷呈。

■ 河边洗衣的妇女

手工洗衣

人类不同于动物之处，就是有了思想，懂得了生活。千百年来，家庭主妇最繁重的家务劳动之一就是洗衣服。池塘边、小河旁，用双手搓洗衣物，用棒槌捶打衣物。各个时代的文人在不少诗歌中记载着妇女洗衣的场景。

洗衣机

1858年，美国人汉密尔顿·史密斯（Hamilton Smith）制成了世界上第一台洗衣机。电动洗衣机是将电能转化为机械能来洗涤衣物的。全自动洗衣机具有烘干功能，可自动完成从洗涤、漂洗、脱水到烘干的全过程。20世纪90年代，随着电动机调速技术的发展，洗衣机实现了宽范围的转速变换与调节。如今全自动洗衣机已应用于居民家中。

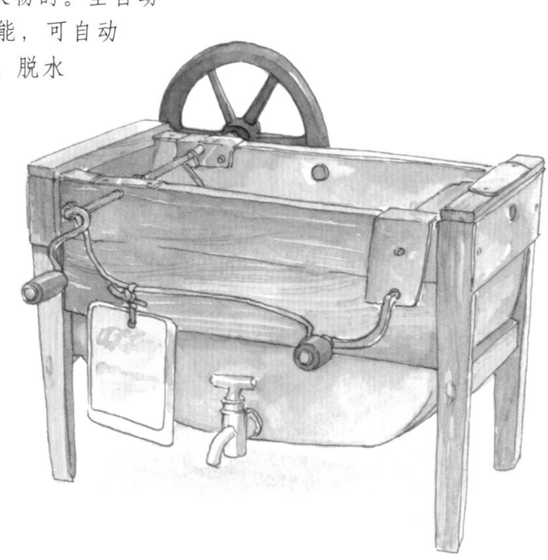

■ 1871年美国苏利文改进型洗衣机

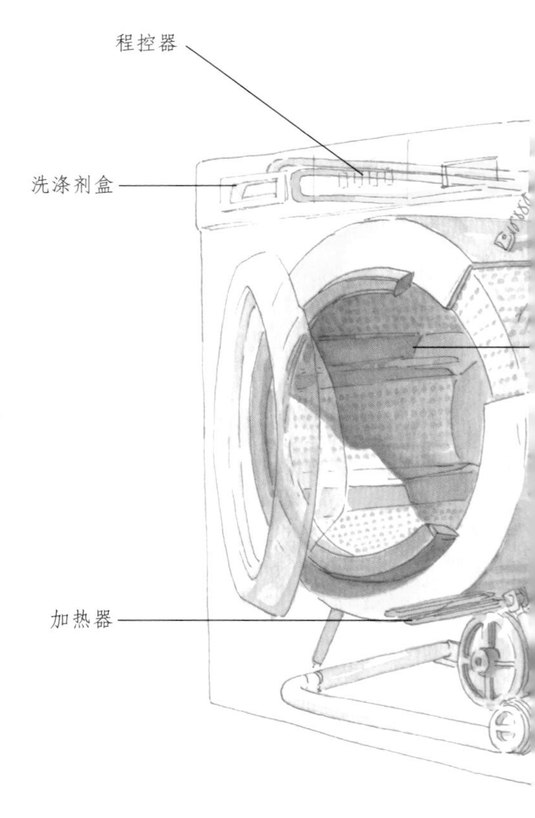

■ 全自动滚筒洗衣机结构示意图

洗碗机

洗碗机是自动清洗碗、筷、盘、碟、刀、叉等餐具的设备。智能洗碗机是集随时预约、自动烘干、自动分配洗涤剂、手机远程遥控等功能于一体的新一代洗碗机。洗碗机省时省力，可大大减轻烦琐的手工劳动。它的去污能力强、消毒彻底、操作简便、节电节水，耗水量比流水洗碗还要节省。一些洗碗机除了可以洗餐具还可以洗蔬菜、水果等，还可用作消毒柜，实现一机多用。

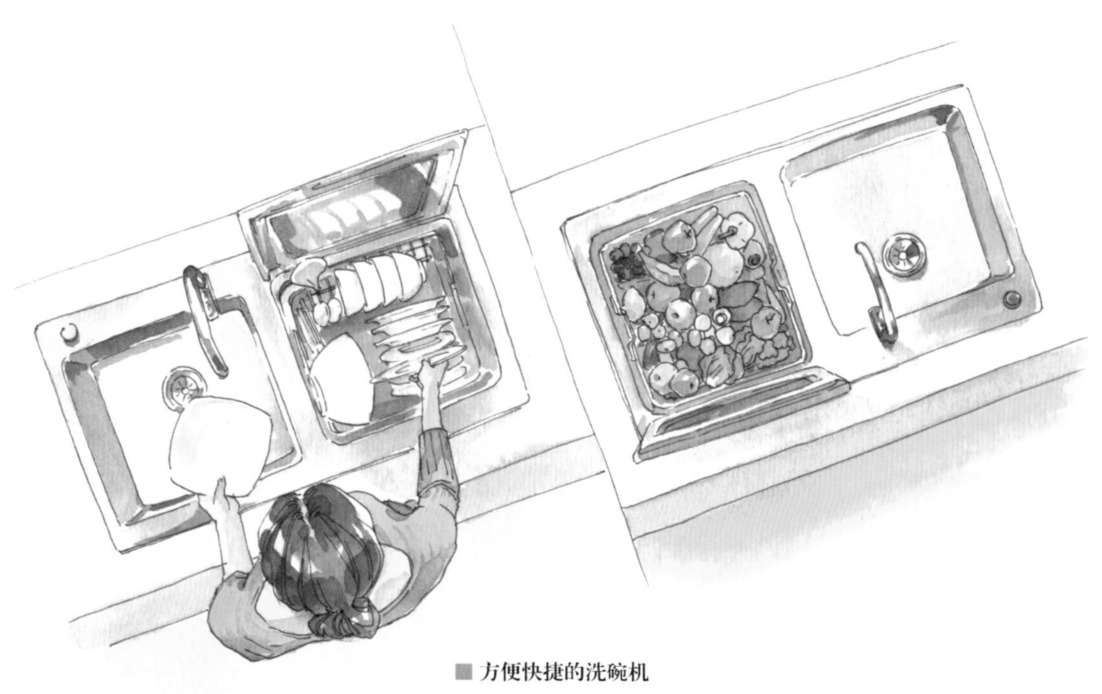

■ 方便快捷的洗碗机

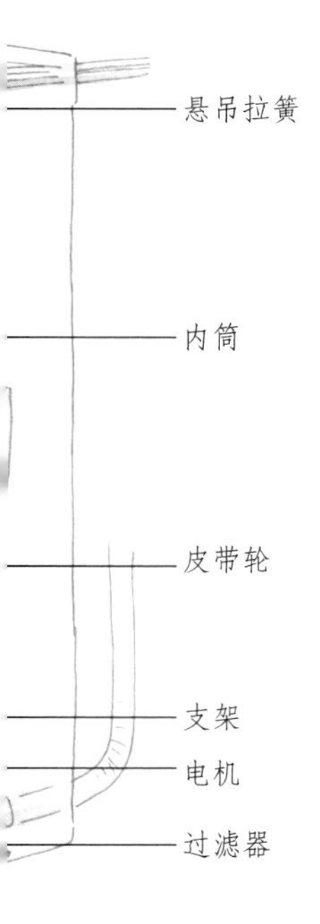

厨余垃圾处理器

厨余垃圾处理器是一种将家庭厨房厨余垃圾进行处理的家用电器。厨余垃圾处理器通常安装在水槽下方，与下水口相连。它利用高速旋转的电动机带动搅碎刀具将厨余垃圾搅碎，然后用水冲入水槽中，顺水流排出管道。厨余垃圾处理器的使用可以让生活更便利、更环保，是家庭厨房的好帮手。

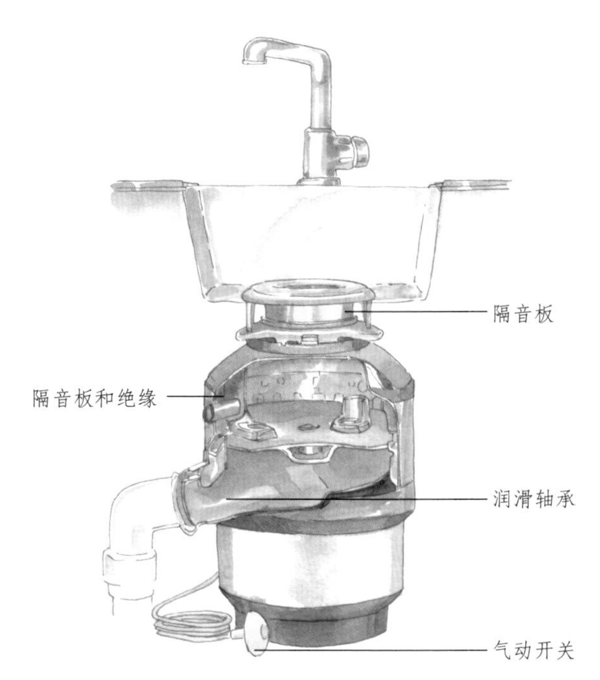

■ 厨余垃圾处理器结构示意图

食物储存与保鲜

食物的储存与保鲜是指为防止食物腐烂变质，延长其食用期限，使食品能长期保存所采取的加工处理措施。常用的方法有物理方法也有化学方法，如低温保藏、高温保藏、脱水保藏、提高食品的渗透压、提高食品的氢离子浓度、辐照保藏、隔绝空气、加入防腐剂和抗氧化剂等。一般家庭为了确保食品的营养卫生和使用的安全可靠，主要使用电冰箱来冷藏与冷冻食物。

■ 冷冻保鲜的海产品

冰鉴

冰鉴是古代暑天用来盛冰，并置食物于其中的容器。冰鉴箱体两侧设提环，顶上有盖板，上开双钱孔，既是抠手，又是冷气散发口。人类用冰的历史十分久远。《周礼》里就有关于冰鉴的记载。设计奇巧、铸造精工的鉴缶被誉为中国古代的“冰箱”。鉴缶由盛酒器尊缶与鉴组成，方尊缶置于方鉴正中，方鉴有镂孔花纹的盖，盖中间的方口正好套住方尊缶的颈部。鉴的底部设有活动机关，牢牢地固定着尊缶。鉴与尊缶之间的空隙，正是夏天盛放冰块、冬天盛放热水之用。

■ 古代青铜冰鉴

电冰箱

电冰箱是以电为动力，带有制冷系统和隔热箱体，用来冷冻、冷藏食品或其他物品的制冷器具。1910年，世界上第一台压缩式制冷的家用电冰箱在美国问世。1925年，瑞典伊莱克斯公司开发了家用吸收式冰箱。现代生活已经离不开电冰箱。智能电冰箱具有自动提醒、控温保鲜、食谱推荐、远程控制等智能化管理的功能，能实现对冰箱内各种食物的主动管理，更加人性化。

■ 能保鲜食品的电冰箱

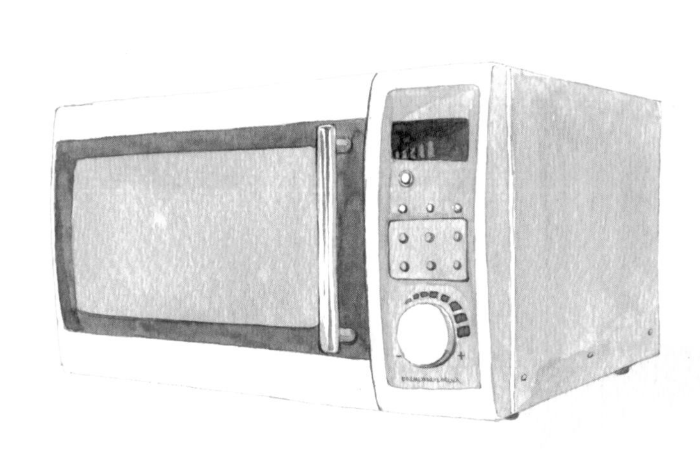

■ 使用便捷的微波炉

微波炉

微波炉是一种利用微波加热和烹饪食品的现代化灶具。它的工作原理是利用微波的穿透性和热效应在食物内外同时进行加热。当微波辐射到食品上时，食品中的水分子将随微波场而变动，产生摩擦升温，完成食物加热。因此，微波炉不适合加热带有坚硬外壳的食物。微波对一般的陶瓷器、玻璃、耐热塑胶等具有穿透作用，故为微波烹调用的最佳器皿。微波对金属具有反射性，既没有热效应也不会穿透，因此金属容器不宜作为微波炉专用器皿。

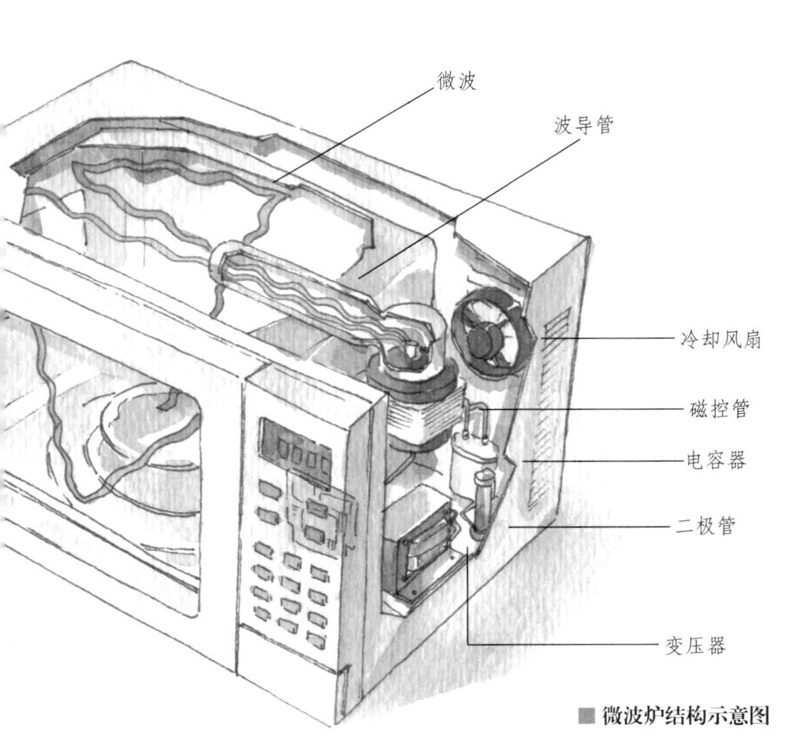

■ 微波炉结构示意图

电磁炉

1957年，第一台家用电磁炉诞生于德国。1972年，美国开始生产电磁炉。20世纪80年代初，欧美及日本开始热销电磁炉。电磁炉无需明火或传导式加热，因此热效率极高。其炉面是耐热陶瓷板，交流电流通过陶瓷板下方的线圈产生磁场，磁场内的磁力线穿过锅的底部时，令锅底迅速发热，达到加热食品的目的。锅的材质必须为铁质或合金钢，从而增强涡旋电场及涡流热功率。其他材质的炊具由于材料电阻率过大或过小，会造成电磁炉负荷异常而启动自动保护，不能正常工作。

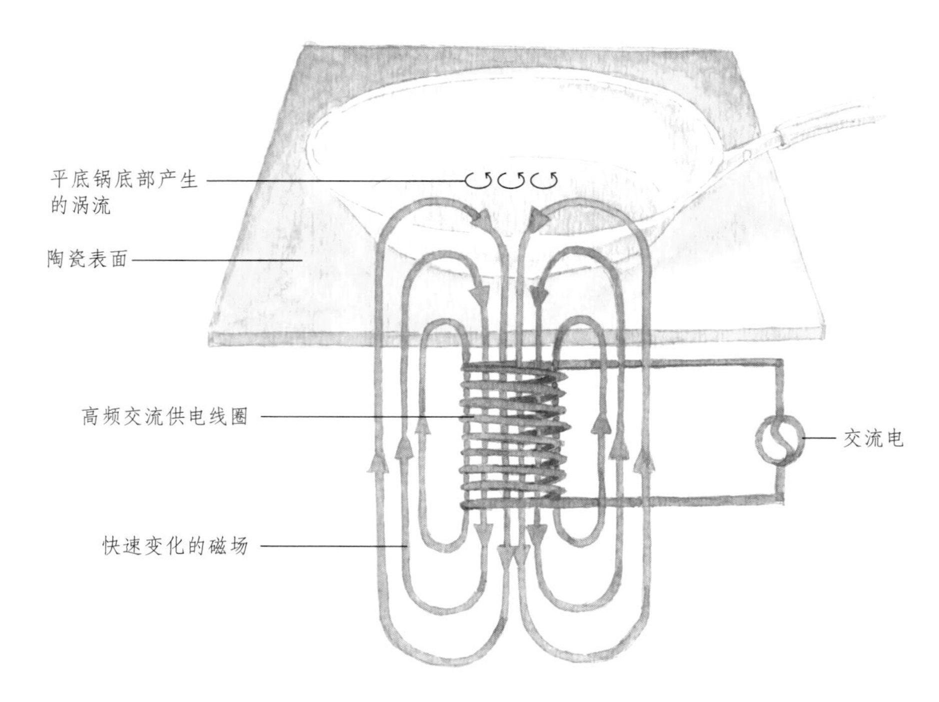

■ 家用电磁炉工作原理示意图

家用电热器具

家用电热器具主要指家庭使用的电加热设备，它能够将电能转变成热能。与一般燃料加热相比，电加热可较快获得较高温度，清洁无污染，易于实现温度的自动控制和远距离控制。现代家庭常用的电加热器具包括电暖气、浴霸、电热毯等。随着家用电热器具的广泛使用，可以借助智能用电系统来管理家庭用能需要，既可保证家庭生活的舒适度，又可调整电器的工作时间，降低用电费用。

■ 使用电加热器具的冬季室内

电灶

电灶通常由壳体、电热元件和温控定时系统组成，它是使用电能并通过电热元件加热食物的厨房电器，实现了无火煮食。20世纪初，美国制成世界上第一台电灶，称为电气化的煤气灶。30年代电灶进行了定时、控温等改进。1963年出现了自净式电灶，同年研制出玻璃和陶瓷灶台的电灶。如今，电灶仍被广泛使用。

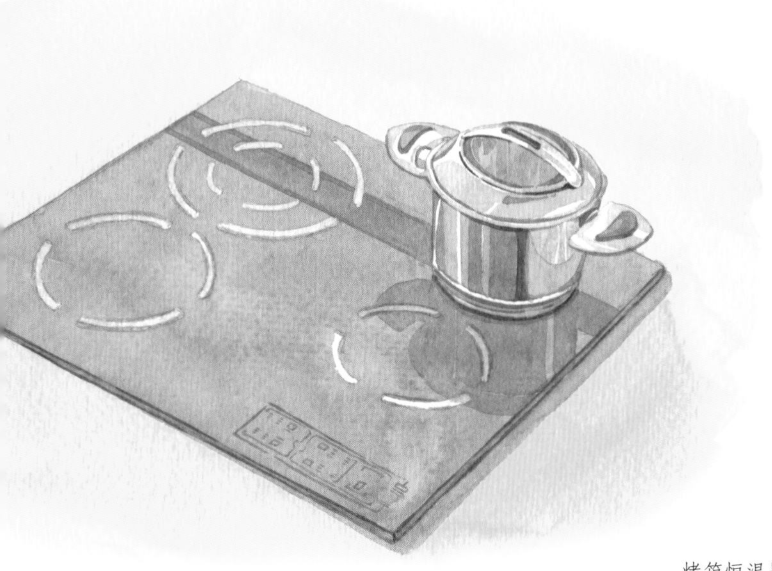

■ 家用电灶

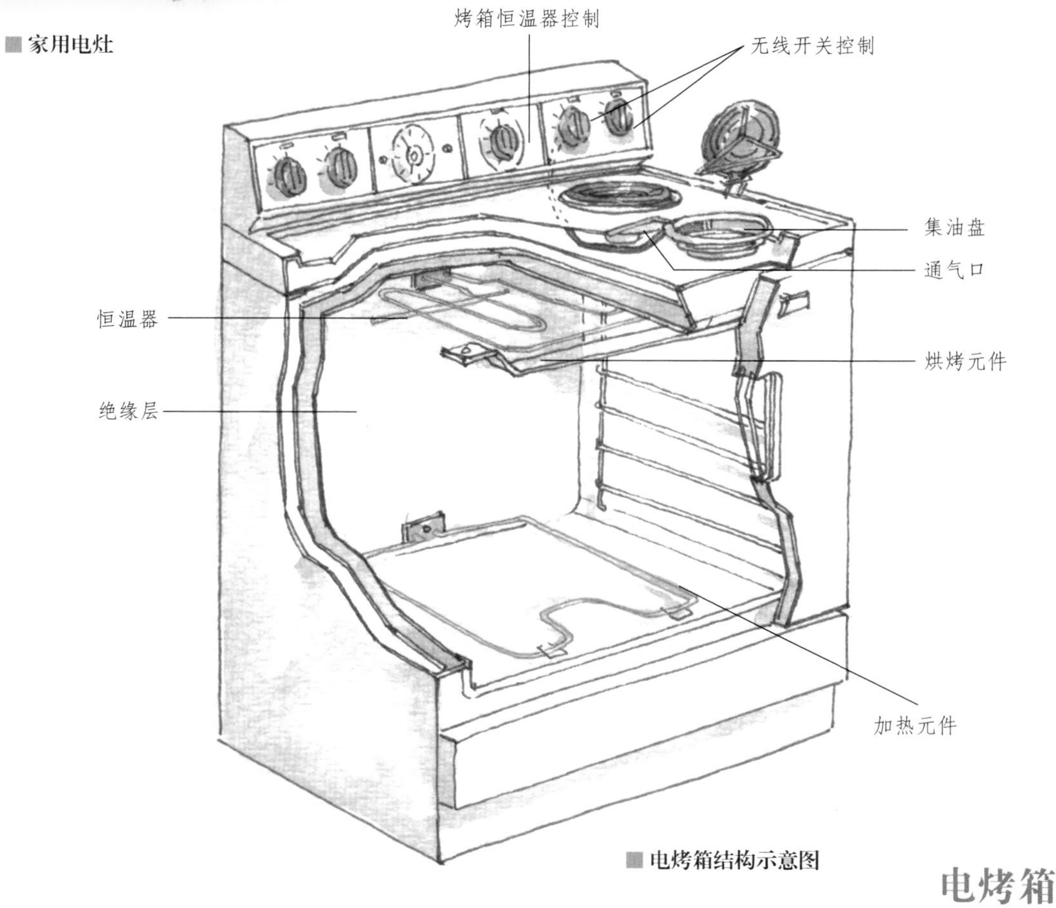

■ 电烤箱结构示意图

电烤箱

电烤箱是利用电热元件发出的辐射热烤制食物的厨房电器。人们可以利用它来制作烤鸡、烤鸭，烘烤面包、糕点等。根据烘烤食品的不同需要，电烤箱的温度一般可在50～250摄氏度范围内调节。电烤箱主要由箱体、电热元件、调温器、定时器和功率调节开关等构成。其箱体主要由外壳、中隔层、内胆组成三层结构，在内胆的前后边上形成卷边，以隔断腔体空气；在外层腔体中充填绝缘的膨胀珍珠岩制品，使外壳温度大大减低；同时在门的下面安装弹簧结构，使门始终压紧在门框上，使之有较好的密封性。

电热水器

电热水器是以电作为能源进行加热的热水器。它是与燃气热水器、太阳能热水器相并列的三大热水器之一。智能电热水器利用自动控制技术和无线通信技术，使电热水器具有无线远程控制、预约定时、分人洗浴等功能，更加安全、高效、节能。按照使用不同，分为储水式和即热式两种。储水式电热水器的容量大、体积大，使用时要提前预热。即热式电热水器不需要预热，使用方便。

■ 水龙头即热式电热水器

电钻与电锯

电钻是利用电做动力的钻孔机具。电钻分为手电钻、冲击钻、锤钻等类型。世界电动工具的诞生就是从电钻开始的。1895年，德国研制出世界上第一台直流电钻，这台电钻重达14千克，外壳用铸铁制成，只能在钢板上钻4毫米的孔。电锯分为固定式和手提式，可以用来切割木料、石料、钢材等。它的锯条一般由工具钢制成，有圆形、条形以及链式等多种。电锯的使用极大地节省了切割材料所耗费的时间和人力。

■ 家用电圆锯

■ 家用电钻

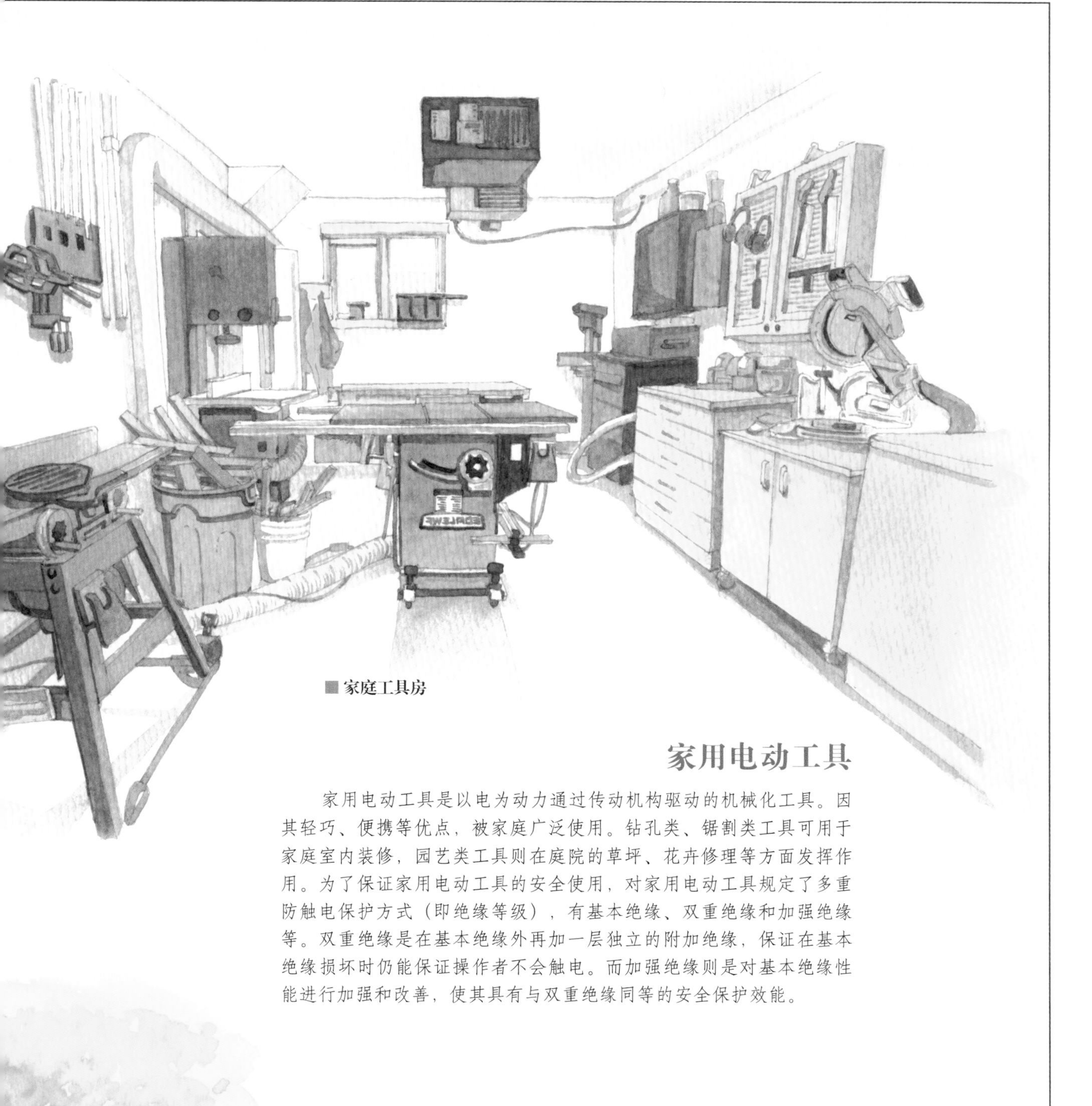

■家庭工具房

家用电动工具

家用电动工具是以电为动力通过传动机构驱动的机械化工具。因其轻巧、便携等优点，被家庭广泛使用。钻孔类、锯割类工具可用于家庭室内装修，园艺类工具则在庭院的草坪、花卉修理等方面发挥作用。为了保证家用电动工具的安全使用，对家用电动工具规定了多重防触电保护方式（即绝缘等级），有基本绝缘、双重绝缘和加强绝缘等。双重绝缘是在基本绝缘外再加一层独立的附加绝缘，保证在基本绝缘损坏时仍能保证操作者不会触电。而加强绝缘则是对基本绝缘性能进行加强和改善，使其具有与双重绝缘同等的安全保护效能。

电动修枝机

电动修枝机是一种利用电动机驱动，通过偏心轮把旋转运动转换成上、下刀片往复运动，用来切割各种灌木、绿篱的工具。无论是庭院内还是小区里的花园，都会有一些以植物观赏为主要特点的绿地，其中以花卉和草地为主，并以常绿植物加以衬托，多以小巧精致取胜。要想做到“园中有景皆入画，一年无时不看花”，就要常备方便实用的家用电动工具来减轻日常打理的劳动强度。一把电动修枝机、一个电动手提锯、一个电动除草机都能方便地满足居家日常需要。

■电动修枝机

空气调节器

空气调节器即空调，它是用来向封闭的空间、房间或区域直接提供经过处理的空气的家用电器。它可以对空气的温度、湿度、洁净度、流速等参数进行调节和控制。一般包括冷源/热源设备、冷热介质输配系统、末端装置等几大部分和其他辅助设备。空调可实现冬天送暖风、夏天送冷风。家用空调的种类分为很多种，其中常见的包括挂壁式空调、立柜式空调 、窗式空调和吊顶式空调。

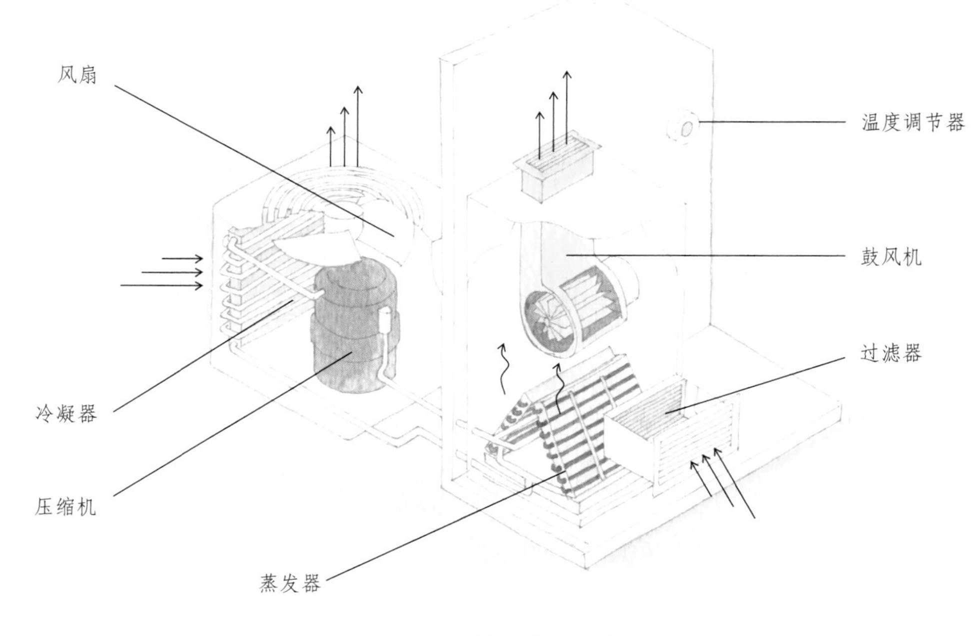

■ 空调结构示意图

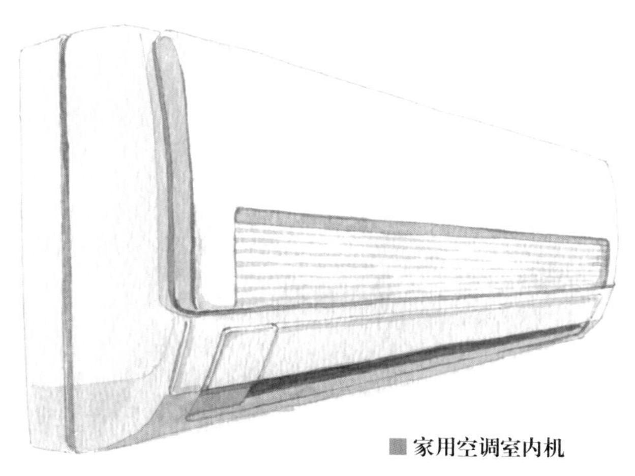

■ 家用空调室内机

空气加湿器

空气加湿器是一种可以增加房间内空气中水分含量，以提高空气湿度的家用电器。空气加湿器可以给指定房间加湿，也可以与锅炉或中央空调系统相连给整栋建筑加湿，常用于家庭居室、计算机房等需要控制湿度的地方。根据不同的工作原理，空气加湿器可分为超声波式、纯净式、热蒸汽式等。超声波式空气加湿器利用超声波产生高频振荡把水激活雾化。纯净式空气加湿器通过分子筛蒸发技术加湿空气。热蒸汽式空气加湿器利用电加热使水蒸发，这种加湿器能耗大、易结垢，已不多见。

■ 给干燥的空气加湿

空气净化器

空气净化器又称空气清洁器，它能够吸附、分解或转化各种空气污染物，有效提高空气的清洁度。空气净化器起源于消防用途。1823年，人们发明了烟雾防护装置，可使消防队员在灭火时避免烟雾侵袭。不久又发现向空气过滤器中加入木炭可从空气中过滤出有害和有毒气体。20世纪80年代开始，空气净化器逐渐转向家庭，它不仅能清洁空气中的有毒气体，还能净化空气，去除空气中的细菌、病毒、灰尘、花粉、霉菌孢子等。

■ 室内空气净化器

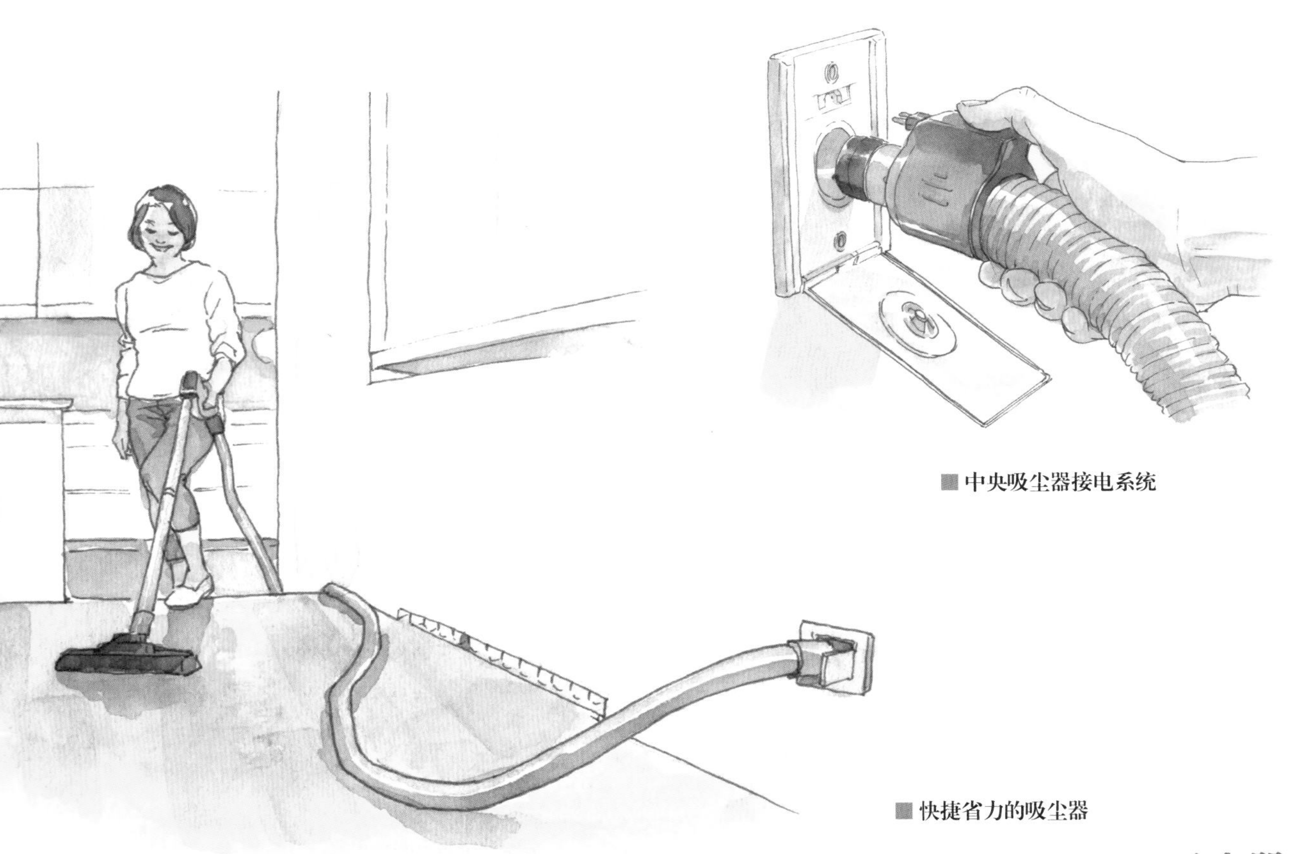

■ 中央吸尘器接电系统

■ 快捷省力的吸尘器

吸尘器

吸尘器利用电动机带动叶片高速旋转，在密封的壳体内产生空气负压，吸取尘屑。吸尘器工作时不会使灰尘飞扬，并能吸附地板缝隙中及地毯上的灰尘和各类污物。吸尘器按结构可分为立式、卧式和便携式等，主要由起尘、吸尘、滤尘三部分组成，一般包括串激整流子电动机、离心式风机、滤尘器（袋）和吸尘附件。吸尘器能除尘，主要在于它的“头部”装有一个电动抽风机。通电后，抽风机会以500圈/秒的转速产生较高的吸力和压力，吸入含灰尘的空气。

电能表

电能表是用来测量电能的仪表，又称电度表。20世纪30年代的电能表利用电磁感应使金属盘旋转，然后以齿轮带动一系列指针转动，指针所显示的读数就是用电量，单位是千瓦·时，俗称度。早期电能表主要经历了机械式和电子式两个发展阶段。机械电能表（也叫感应式电能表）利用线圈、圆盘、计数器等机械部件记录电量。电子式电能表仅设计结构与前者不同，功能是一样的，都需要人工抄表。

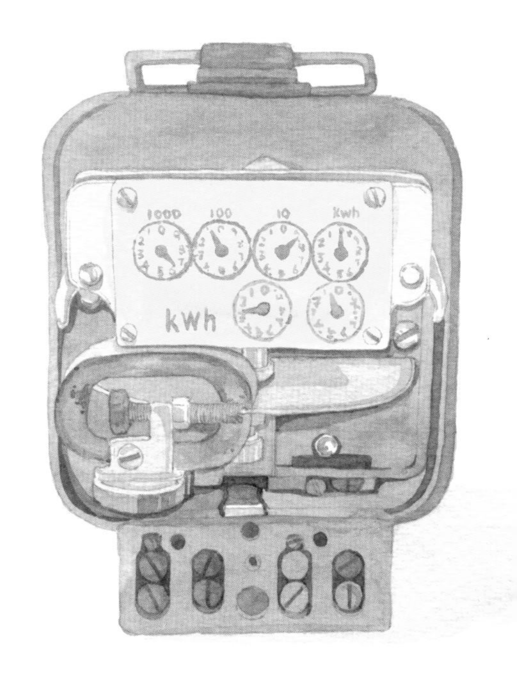

■ 早期电能表

智能电能表

智能电能表作为智能电网的智能终端，是在电子式电能表基础上发展起来的。它除了具备传统电能表的用电计量功能外，还具有双向多种费率计量、用户端控制、多种数据传输模式的双向数据通信、远程抄表、防窃电、自助缴费等智能化功能。其显示屏可以显示电费和剩余电量等信息，按动信息查询键/复位开关可以查询用电量、剩余电费金额以及客户编号等信息。当表内余额不足时，报警灯亮起，提示用户购电。

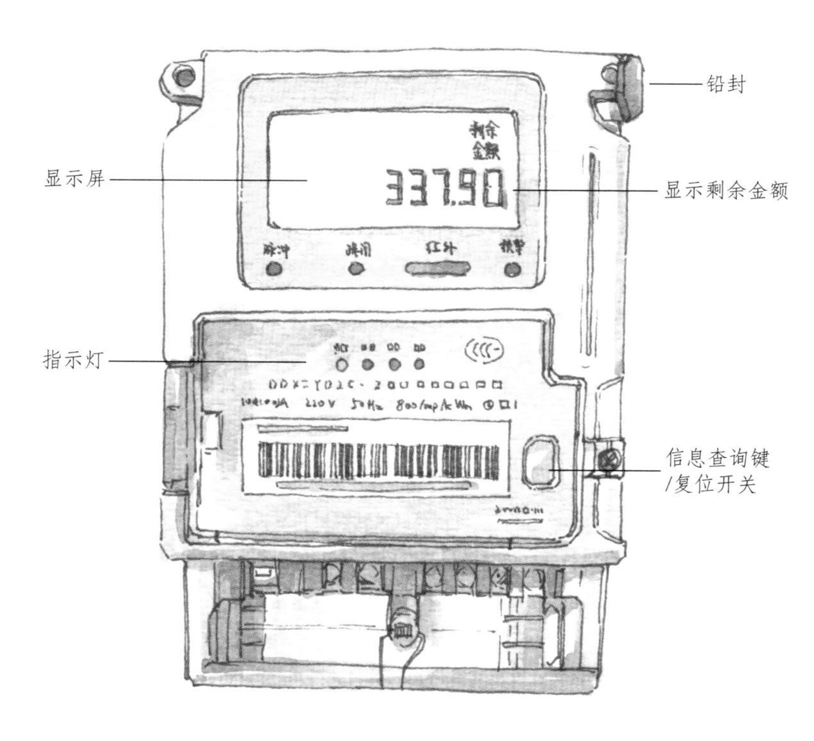

■ 单相费控智能电表结构示意图

■ 走进千家万户的智能电能表

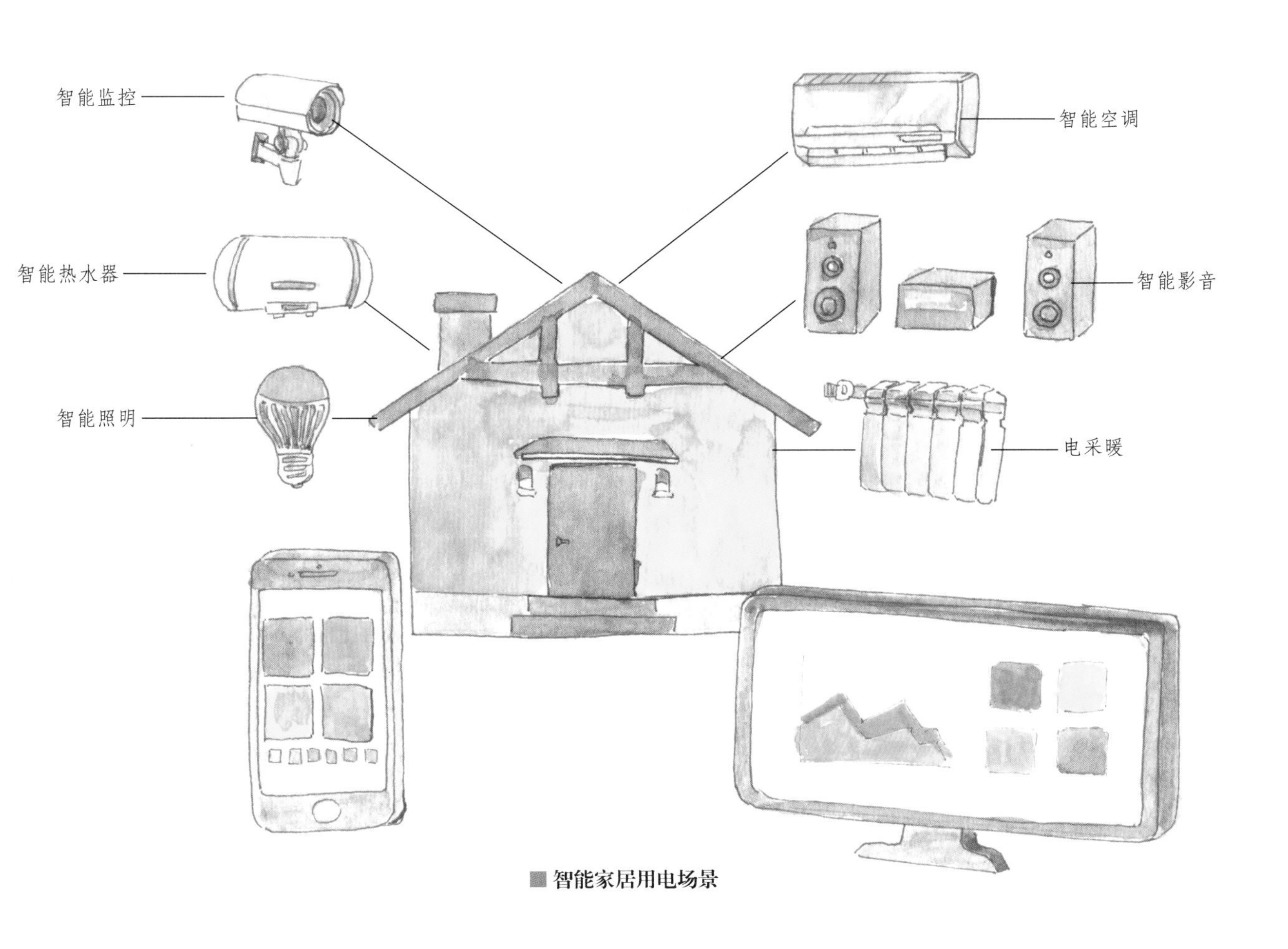

■ 智能家居用电场景

■ 用电APP界面

用电APP

用电APP是一类利用网络服务用电的软件，通过它可以在手机上查询电费清单，缴纳电费。它可以提供各类用电业务信息，可以实现营业网点查询、服务信息查询、停电信息查询等，还可以绑定用户号进行电费查询、电量查询、电费充值等业务操作等（即“一站式”服务）。中国国家电网公司和南方电网公司均推出了用电APP，实现用电“一站式”服务。电力服务正向“互联网+”转型。电力服务包括掌上营业厅、短信营业厅、网上营业厅、微博营业厅、微信营业厅。

智慧生活

人们可能没有想到，当进入到快节奏的城市生活中时，那些看起来简单的衣食住行会成为摆在我们面前的问题：朝九晚五的奔波让我们选择新鲜的食物成为困难；油腻的碗筷、落满灰尘的房间和沾上污渍的衣物会让我们选择逃避；我们包里的钥匙越来越多……当智能家居和物联网应用成为现实，我们可能只需要在某个时刻用“口令”就解决这些烦恼了。互联网让全屋家电智能互联，智能用电助力智慧生活！

智能用电

电与互联网的结合，帮助人们实现智能用电。智能用电是智能电网提供给广大用户的优质服务，城市中所有使用电能的地方都可以实现智能用电。智能用电是通过物联网技术实现的。通过把家中的电器设备接入互联网，便可以使用智能手机远程控制电器的工作状态；也可以将电器的控制权限交给云服务平台，平台将自动按需控制电器设备。即使是传统的电器设备，只要搭配智能插座，就可以实现智能用电。

■ 智能用电信息显示

大数据与云计算

人类社会发展到今天，没有一个时代像现在这样与数据紧密相连！各种智能终端设备使得数据的产生无处不在。为了存储与处理大数据，出现了云计算的概念。云计算的概念最早出现在2006年8月举行的搜索引擎战略大会上，谷歌公司的首席执行官施密特第一次用“云”的概念来描述他的服务器。云计算是由网络上的一组服务器把其计算、存储、数据等资源以服务的形式提供给需求者，以完成信息处理任务的方法和过程。

■ 中国贵阳大数据安全产业展示中心

■ 连接方便的无线网络

无线网络

无线网络是采用无线通信技术的网络。无线网络既包括允许用户建立远距离无线连接的全球语音和数据网络，也包括为近距离无线连接进行优化的红外线技术及射频技术。无线网络与有线网络的用途十分类似，最大的不同在于传输媒介的不同。利用无线电技术取代网线，可以和有线网络互为备份。可以说，无线网络在一定程度上“扔掉”了有线网络必须依赖的网线。

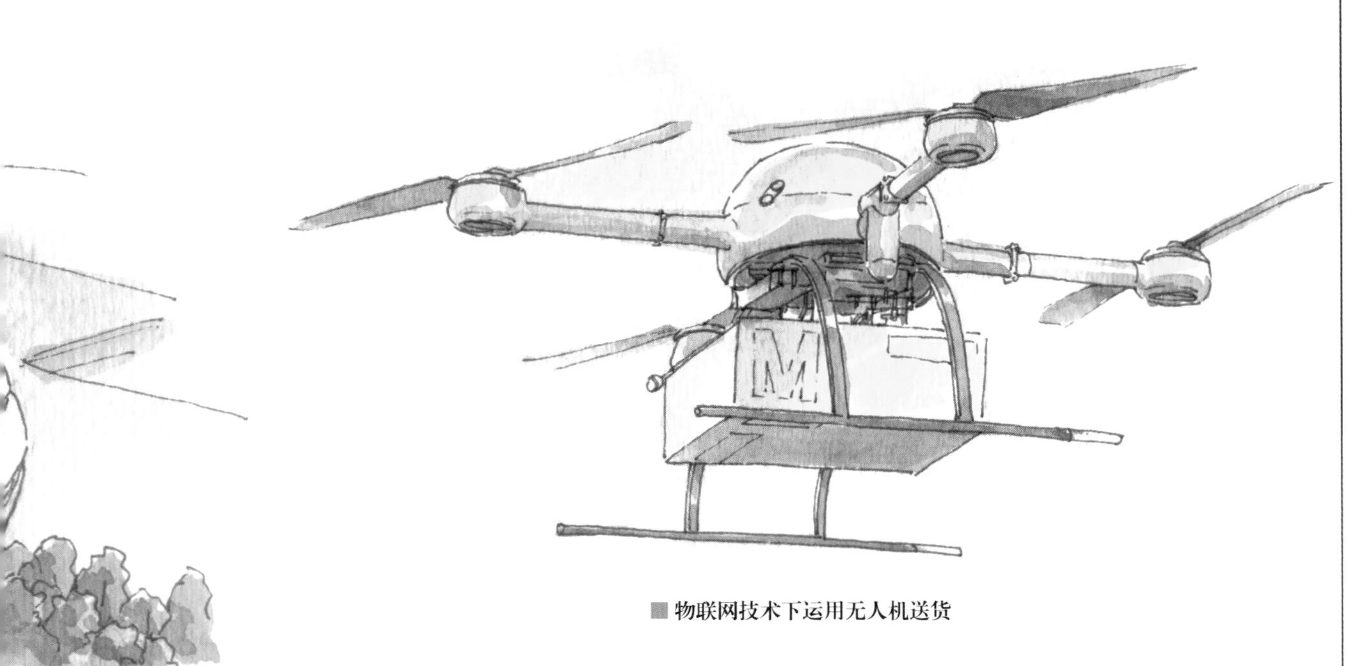

■ 物联网技术下运用无人机送货

物联网

物联网是基于互联网、传统电信网等信息载体，让所有能够被独立寻址的普通物理对象实现互相连接的网络。在物联网中，每个人都可将真实的物体上传网络，在物联网上可查出每一件物体具体位置等信息。物联网将现实世界数字化，将分散的信息汇聚到一个平台上。物联网不仅可以应用于物流和运输、工业生产和医疗保健等行业，还可以对家用电器进行遥控，使家居实现智能化。

智能家居系统

智能家居系统是将各自独立的家用电器、通信设备与安全防范设备的功能融合为一体的系统。它以家庭为核心，以用电及控制为主线，利用综合布线、无线网、物联网、云计算、互联网和大数据等先进技术，实现家庭用电设备智能控制、家庭环境感知、家人健康感知、家居安全感知和信息、消费服务等家居生活有效结合的系统。智能家居系统也称智慧家庭，它是智慧城市的最小单元。智能家居系统让用户能更加方便地管理家庭设备，从而给用户带来最大程度的高效、便利和舒适。

■ 智能家居系统示意图

智能开关

智能开关是由触摸开关、远程开关、定时开关等多种方式控制的电源开关，这些功能是由电子元器件和新增加的智能控制部件来实现的。智能开关分为一位开关、二位开关、三位开关等类型。智能开关可实现本地手动、红外遥控、异地操作等功能。当你发现小朋友守着电视不肯离开时，可以用智能手机控制开关，悄悄关闭电源；当你发现房间的灯忘记关时，可以直接在智能开关上手动或遥控关掉；当你外出时，可以用智能开关，实现一键全关。

■ 智能可控台灯

智能插座和智能墙插

智能插座能够使非智能家电智能化，并具有漏电及过载保护、远程控制、延时定时、电量统计、独立开关等功能。这是因为智能插座内置有无线通信模块和电能计量模块，使之与互联网连接，从而通过手机终端远程控制电源通断，以达到查看家中电器的工作状态和用电情况。还有一种智能墙插，它是将智能控制技术融入传统墙面插座中，形成了具有多种控制方式的新型墙面插座，从而实现对所插入家用电器进行供电控制。中国推出的智能墙插分为10安和16安两种型号，其中10安插座用于一般电器设备，16安插座用于大功率电器设备。

智能插座
Wi-Fi
通信模块
计量模块

■ 智能插座

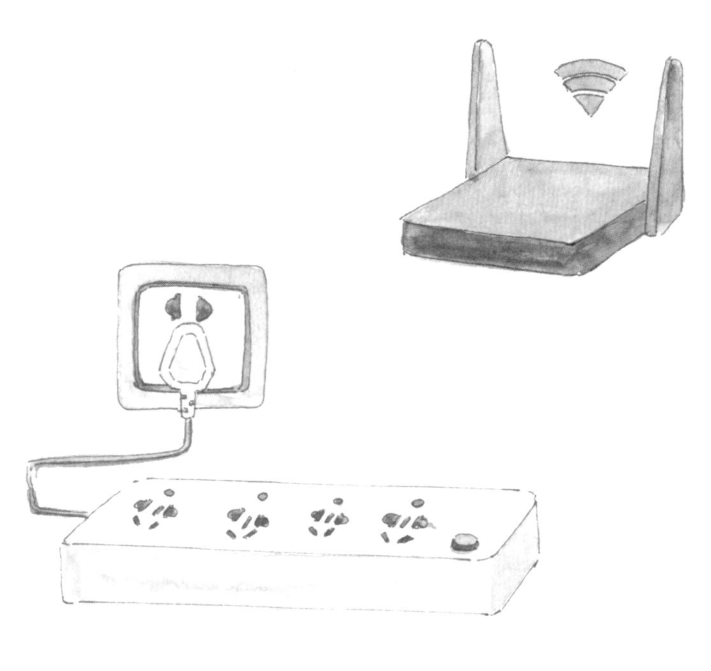

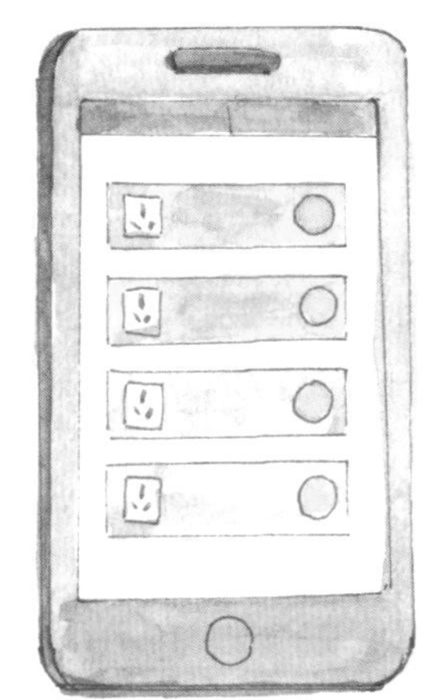

■ 智能排插

智能排插

一般家庭使用的都是传统电源排插，俗称插线板。智能排插则是将智能控制技术融入传统的排插中，形成具有多种控制方式的新型电源插座，可实现对所插入的每一种电器的供电控制，减少电能浪费。控制方式包括远程/本地控制开关、自动定时开关等。部分智能排插还具有计量功能，可统计每种插入电器的用电量。

全电厨房

对于“民以食为天”的中国人来说，厨房是家的中心。全电厨房让人们减少油烟，更轻松地为家人制作美食。全电厨房就是厨房用具电气化。传统中餐火头旺、油烟浓，存在燃气泄漏、油锅爆炸、烟道着火等安全隐患，全电厨房使用电能无明火，精准控制油温，使得油烟减少，并有效消除了上述安全隐患。全电厨房因其清洁、科学、高效、节约用能等特点，必将会有广阔的前景。

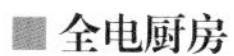

■ 全电厨房

智能电饭煲

电饭锅是一种能够实现对食物蒸、煮、炖、煨、焖等多种加工方式的现代化炊具。智能电饭煲通过电脑芯片程序控制器件的温度，并实时监测温度以灵活调节功率大小，自动完成煮食过程。它具有预约和定时、多种模式、口感选择、远程控制等功能，是现代生活中常见的厨房家电产品。

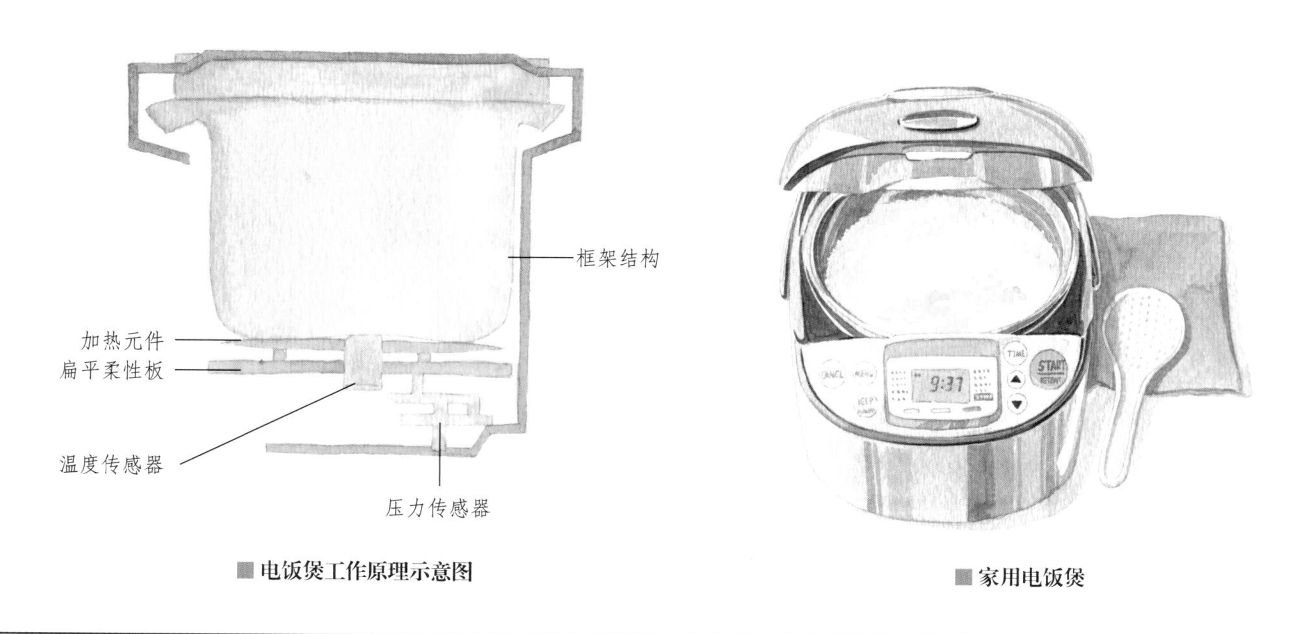

■ 电饭煲工作原理示意图

■ 家用电饭煲

家用机器人

家用机器人是为人类服务的特种机器人，主要从事家庭服务，维护、保养、修理、运输、清洗、监护等工作。家用机器人可分为电器机器人、娱乐机器人、厨师机器人、搬运机器人、不动机器人、移动助理机器人和类人机器人等。家用机器人能够成为人类日常生活的好帮手，如自动真空吸尘器（扫地机器人）、窗户清洁机器人和泳池清洗机器人等。

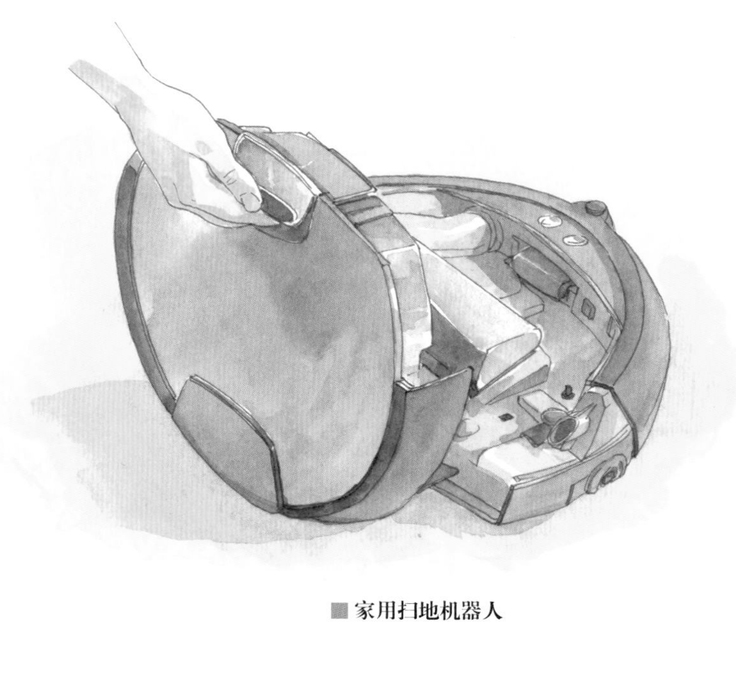

■ 家用扫地机器人

■ 机器人管家

机器人管家

机器人管家是一种协调管理多种家用机器人的机器人。2009年，英国研究人员提出一种崭新的设计理念：对于一个家庭来说，家务工作并不仅仅是清洁地板这样简单的工作，所需进行的工作是复合性的。当几种不同功能和特征的机器人出现在家庭中时，每一种家务型机器人都具有“个性”，为了使主人的指令很好地传达到各个机器人，并让它们全部理解，有一个“机器人管家”非常必要。它负责协调各种家用机器人的各项工作分工。

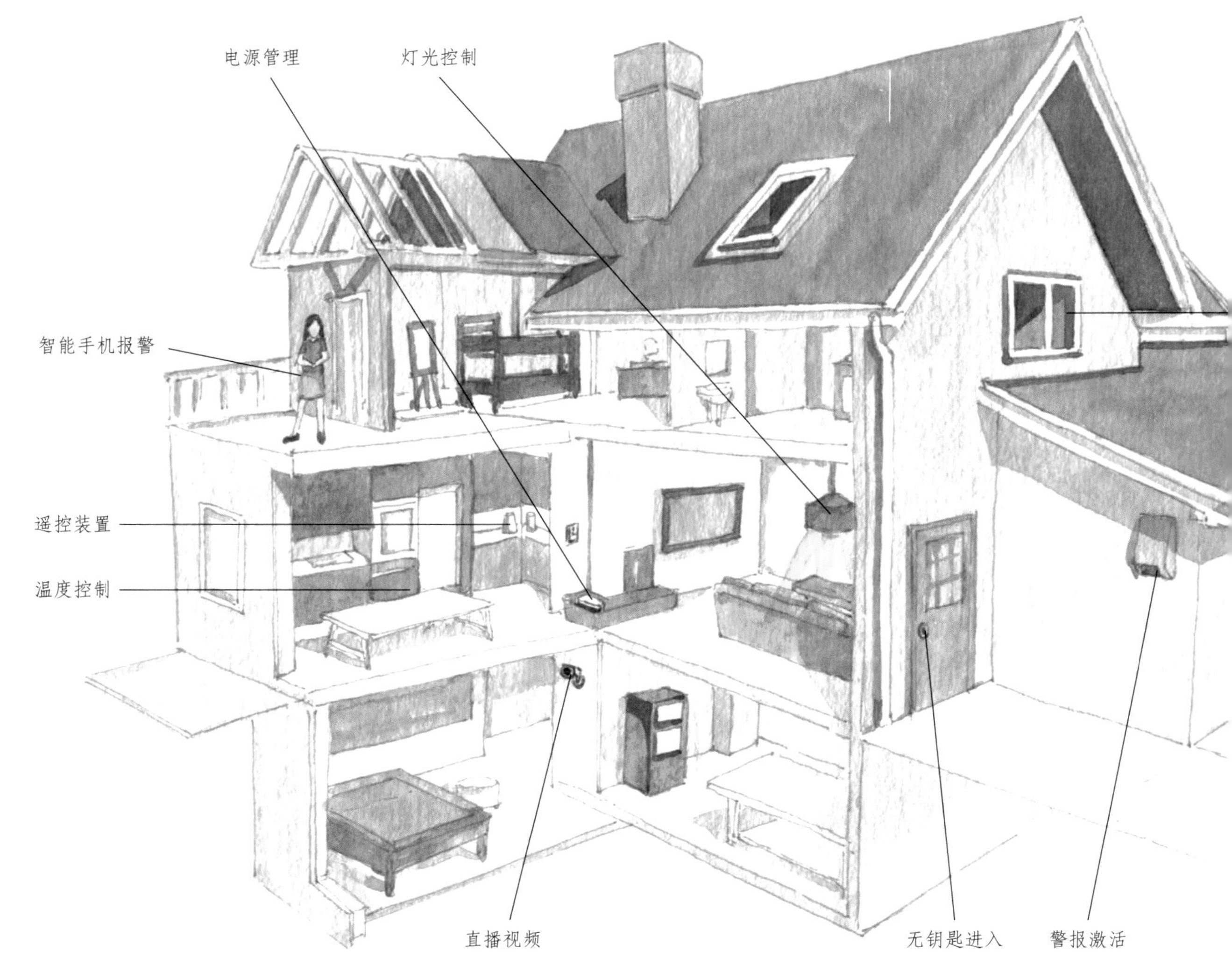

■ 家庭智能安防系统

家庭智能安防系统

家庭智能安防系统主要包括门禁、报警和监控三大系统。它能够通过智能设备实现智能判断、智能报警和智能防御，摆脱传统安防系统对人的依赖。即使人出门在外也可随时随地发现隐患、排除隐患，实现对家里的安全保障。其中，门禁包括指纹识别、声控识别、人脸识别等强大功能；报警指通过摄像头、警报器与家中多种智能家居设备联动，发现异常向用户手机报警或小区物业报警；监控指将监控软件直接与家中的智能监控摄像头相联，可方便地实现无间断监控。

智能安防锁

相对于传统安防锁而言，智能安防锁在用户识别、安全管理方面更加智能化。常见的智能安防锁包括指纹识别安防锁、声控识别、人脸识别安防锁、刷卡识别安防锁等。指纹识别和人脸识别安防锁多用于家庭。刷卡识别安防锁常用在企业、小区、宾馆。智能安防锁具有接近自动唤醒功能、独立空间反锁功能、夜晚静音功能和外出防入侵功能。

■ 智能指纹识别安防锁

智能报警器

根据用途不同，智能报警器可分为智能烟雾报警器、智能燃气报警器、智能水浸探测报警器等。这些报警器的工作原理基本相同，都是内置多种传感器，分别通过检测环境中的烟雾浓度、燃气浓度、水浸水位等来起到防范危险发生的作用。一旦这些指标出现问题，传感器立刻便能检测到，并通过信号灯、声音、手机提醒等方式进行报警，从而迅速采取措施，减少危害的发生。

破碎监测

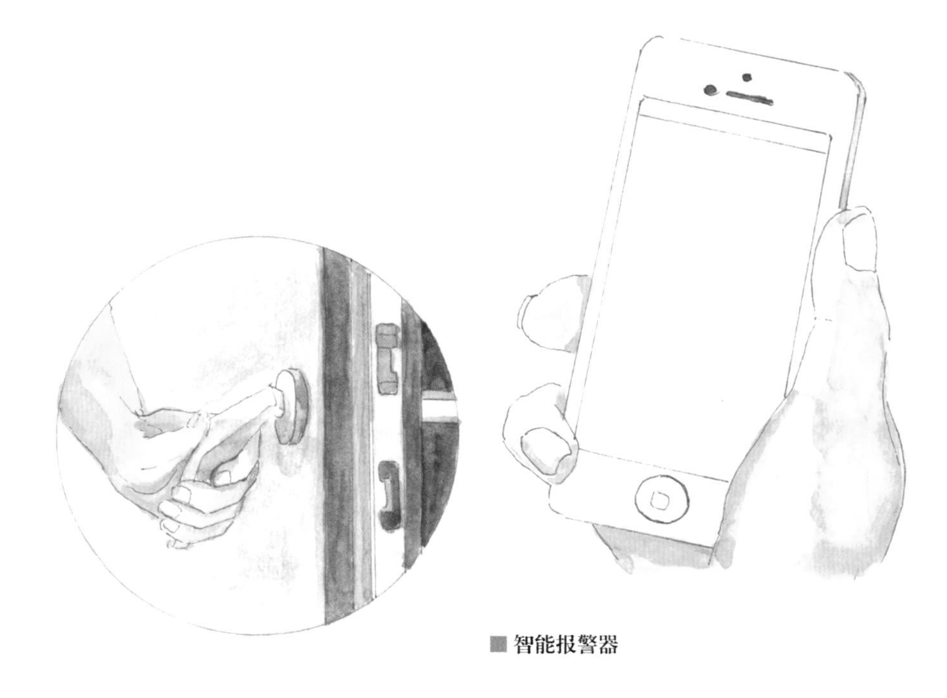

■ 智能报警器

智能监控摄像头

智能监控摄像头能够利用图像处理、计算机视觉技术和识别技术，判断监控画面中异常情况，并以最快的方式发出警报，从而有效地进行全自动、全天候、360度全景拍摄的实时监控。一些智能监控摄像头装有嵌入式不可见红外灯，即使在夜晚也能清晰地看清拍摄范围内的情景。同时，智能监控摄像头还具有双向或单向语音及视频通话等功能。当有陌生人闯入时可自动报警，人们可通过手机或平板电脑随时随地掌控家中情况，也可随时进行语音通话，甚至可以远程参与家中的聚会。

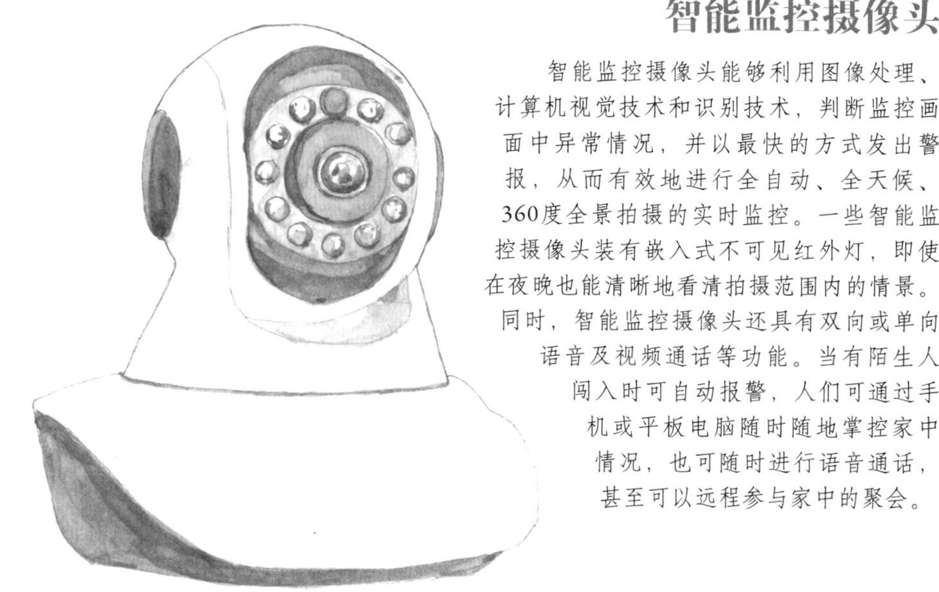

■ 智能监控摄像头

家庭安全用电

家庭用电要安全。家庭中用电的安全隐患主要包括导线或设备老化引发的漏电、家用电器散热不好引发起火、用电方法不恰当引发触电等。要管控好所有家用电器的开关，使用时接通电源，不用时切断电源。不要将家用电器放在阳光直接照射到的地方或不利于散热的角落，而应放置在空气流通和通风的环境中，以利于家用电器良好散热。不要乱拉乱接电线，也不要用湿手接触正在移动或运转的家用电器，更不能用湿布清洗家用电器内部的积尘。家中一定要安装漏电保护器。

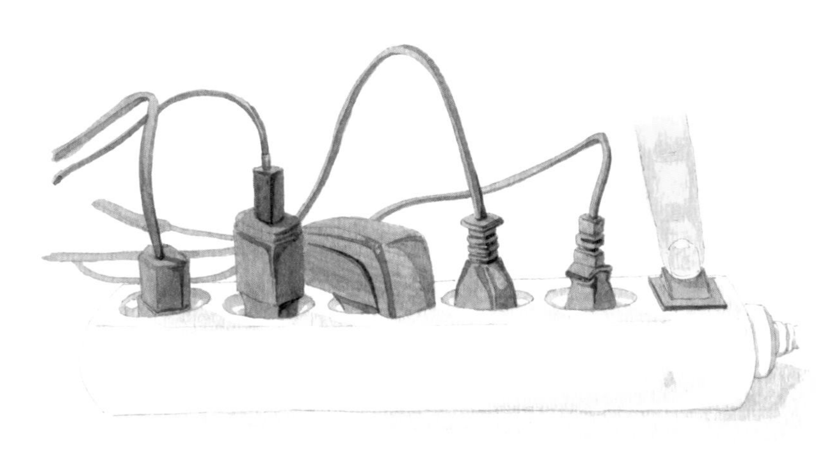

■ 不能用湿手触摸电源开关

漏电保护器

电给人类带来了很多方便，但也可能会因使用不当而带来一些灾害，如烧毁电器、引起火灾、使人触电等。漏电保护器就是为此而设计的专门保护人身安全的设备。漏电保护器学名叫剩余电流动作保护器。它监控的是剩余电流，作用是当设备发生漏电故障时，对有致命危险的人身进行触电保护。它具有过载和短路保护功能，当出现漏电电流时，能快速、有效切断主回路，发出漏电报警信号，防止事故发生。

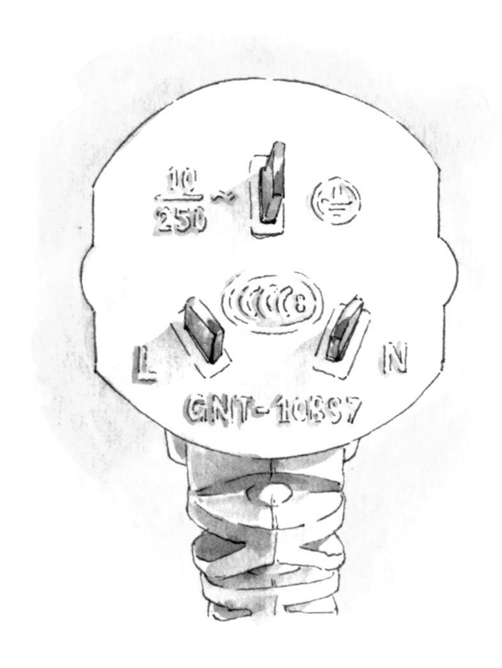

■ 使用中国“3C”认证的家用电器插头

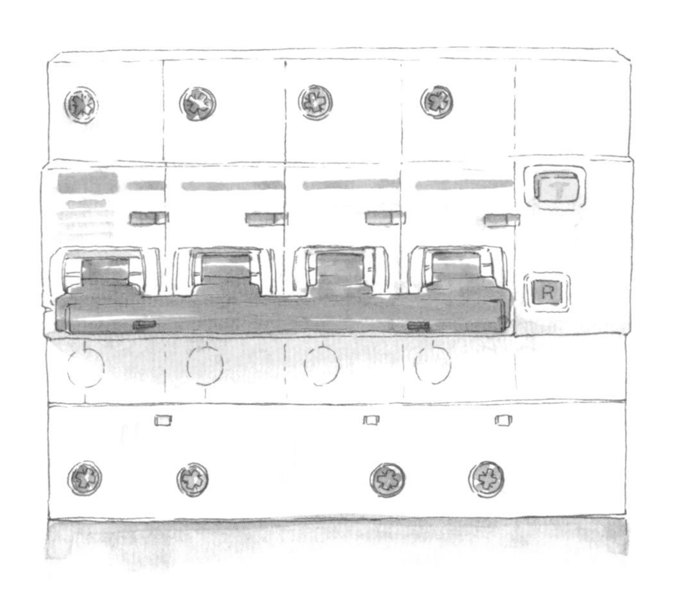

■ 漏电保护器

运动监测

运动监测仪利用智能3D传感器，能准确感知因身体活动而产生的加速度信号，并能全面记录有效步数、步行时间和速度、卡路里消耗量、脂肪消耗量和运动量等运动数据。它可佩戴在皮带上、帽子里，或放入衣服口袋中、随身的包中。其内置的GSM移动通信模块可定时自动传输数据。配合先进的Web平台，人们可以获知更多更全面的健康数据，还可以定制各种提醒信息及个性化健康方案，并与他人分享运动数据。

■ 手机监测

■ 运动手环监测

■ 自行车头盔监测

“互联网+”健康医疗

“互联网+”健康医疗打造了智慧家庭医疗保健系统，使用户通过家庭备有的仪器对身体各项指标进行不定期的检测，将数据上传到云端进行处理。系统将分析结果通过网络实时传给用户或者家人的指定终端，为用户提供独立、健康、安全、方便、持续的保健服务。由医疗卫生机构搭建的互联网信息平台为开展远程医疗、健康咨询、健康管理服务提供了便利，推动居民实现电子健康档案在线查询并指导规范用药。

■ 互联网智能助老健康服务

远程医疗

远程医疗是指借助互联网技术和遥控技术，充分发挥大医院的医疗技术和医疗设备优势，对不具备医疗条件及特殊环境的人员提供远距离医疗服务。人们无需到医院排队、挂号、等待，即可与医生实时进行交流。远程医疗技术已经从最初的电视监护、电话远程诊断发展到利用高速网络进行数字、图像、语音的综合传输，并且实现了实时的语音和高清晰图像的交流，为现代医学的应用提供了更广阔的发展空间。

■ 远程医疗会诊

电子体温计与电子血压计

电子体温计与电子血压计都是利用传感器和微电子器件进行测量的器具。电子体温计中的温度传感器检测到人的体温后转换成电信号，并在显示器上显示出来。根据测量部位的不同，有腋式电子体温计（在人体腋下使用）、耳/额式电子体温计（插入耳中/对准额头）和放置于舌下的电子体温计等。电子血压计则利用压力传感器和微电子器件测量人体血压。如今的电子血压计已经实现全自动智能测量，测量数据可以通过网络自动传输到健康管理平台，并将生成的健康数据报告反馈给用户。

■ 电子血压计

■ 电子体温计

智能血糖仪

智能血糖仪是一种即时检测血糖水平并快速给出检验结果的电子仪器，它具有实时记录、实时查询、互助提醒、实时预警、提供在线医疗建议和指导等功能，还可自动记录和分析并形成图表，为用户提供更多便利和指导。使用者本人或家人可通过手机实时了解身体的变化情况，当忘记测量血糖或血糖数据异常时，智能血糖仪和指定的终端设备都会发出提醒。同时，智能血糖仪还可以实现饮食指导、运动指导、监测自查、病情自查等功能。

■ 通过网络预约挂号的患者

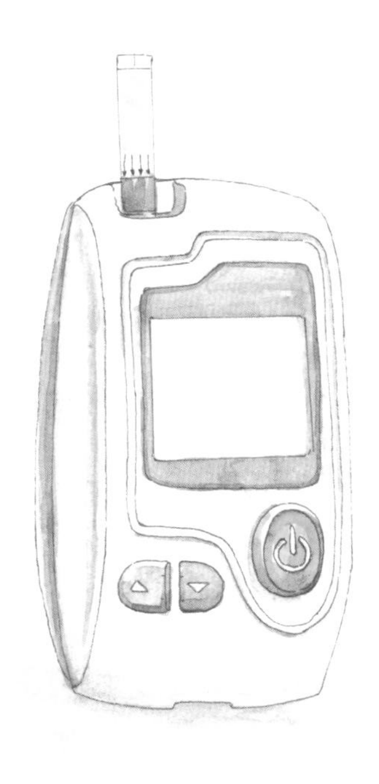

■ 智能血糖仪

越“电”越快乐

第一次听到旋转的唱片里发出美好的声音时，第一次看到银幕里浓缩的景色和人生经历时，我们对未来充满了憧憬和向往。而当我们能很容易地回放生活中的美好记忆时，我们不仅成为生活中的表演者，同时也成为自己的历史编纂者。科学技术发展日新月异，各种电子设备带给人们的不再是单一的声音或图像，而是将声音、画面融为一体，可以带给人们互动的快乐体验。这美好的一切源于电的应用。

留声机

留声机是一种原始放音装置，其声音储存在以声学方法刻在唱片（圆盘）平面上的弧形槽内。唱片置于转台上，在唱针之下旋转。留声机是美国发明家爱迪生在1877年发明，被称为爱迪生最伟大的发明之一。留声机包括有盒式留声机、台式大喇叭、立式留声机、柜式留声机、专业发烧友留声机等类型。随着科技发展，留声机在功能方面整合了历史上各个时期的播放设备，包括最早的黑胶唱片机、收音机和后来的CD机、蓝牙音响等多种播放设备。

■ 早期的留声机

音量控制旋钮

耳机插座

选台旋钮

■ 早期的收音机

收音机

收音机是用电能将电波信号转换并能收听广播电台发射音频信号的一种机器，又名无线电、广播等。收音机信号的收发都属于无线电通信。由于科技进步，天空中有了很多不同频率的无线电波。如果把这些电波全都接收下来，音频信号就会像处于喧嚣的闹市之中一样，杂乱无章。为能选择所需要的节目，收音机在接收天线的作用下，通过一个选择性电路把所需的信号（电台）挑选出来，并把不要的信号“滤掉”，这就是我们收听广播时所使用的“选台”按钮。

电影与家庭影院

电影是由活动照相术和幻灯放映术结合发展起来的一门视觉和听觉的现代艺术。家庭影院可以让你足不出户，在家欣赏环绕影院效果的影碟片、聆听专业级别音响带来的音乐，并且可以一展歌喉。家庭影院有信号源、功放及终端三个部分。信号源包括VCD机、DVD机、蓝光碟机、个人计算机、CD机等；终端为显示设备（平板电视机及投影机）和音箱；功放对于家庭影院很重要，它可以用来切换信号源、处理信号、调节音调音量，还可以通过功率放大器驱动多个音箱。

■电影放映机

■家庭影院

摄像机

摄像机种类繁多，其工作的基本原理都是一样的：把光学图像信号转变为电信号，以便于存储或者传输。当人们拍摄一个物体时，此物体上反射的光被摄像机镜头收集，使其聚焦在摄像器件的受光面（例如摄像管的靶面）上，再通过摄像器件把光转变为电能，即得到了视频信号。光电信号很微弱，需通过预放电路进行放大，再经过各种电路进行处理和调整，最后得到的标准信号可以送到录像机等记录媒介上记录下来，或通过传播系统传播或送到监视器上显示出来。一种针孔摄像机为智能家居的安防系统提供了技术保障。

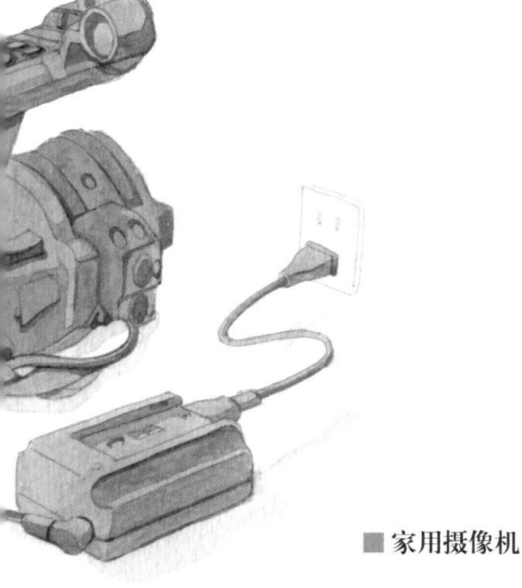

■家用摄像机

数码产品

数码产品就是含有数码技术的电子产品，包括摄像机、数码相机、MP3、U盘、智能手机、机顶盒（数模转换器）、卫星接收装置、数字电视机、数控家电等。随着计算机的出现和科技的发展，一批以数字为记载标识的产品面世，它们取代了传统的胶片、录音带、录像带等。数码产品可以通过数字和编码进行操作，并且可以与电脑连接。数码产品的飞速发展和广泛应用极大地方便了人们的生活和工作。

■ 数码录音机

■ 电子阅读器

电子乐器

电子乐器指的是乐手通过特定手段触发电子信号，使其利用电子合成技术或采样技术来通过电声设备发出声音的乐器，如电子琴、电钢琴、电子合成器、电子鼓等。电子乐器轻巧、易学，为音乐普及发挥了很大的作用，受到广泛的欢迎。电子乐器的发音体是由若干电子元件组成的振荡器，通过放大电压，不同的频率变化产生出不同的音频信号，再进行功率放大，由扬声器传送出特定的声音。

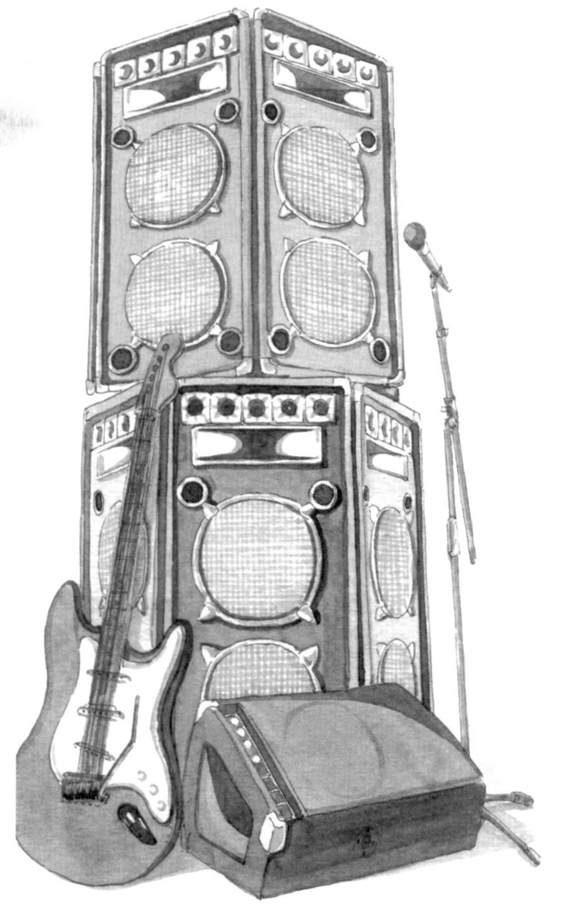

■ 电子乐器

电竞游戏

电竞游戏的全称是电子竞技游戏，作为一个新概念，它形成的时间并不长。中国国家体育总局在2003年将电子竞技运动列为中国正式开展的第99个体育项目。电子竞技运动来源于电子游戏，游戏最早的雏形可以追溯到人类原始社会流行的一些以提升生存技能为初衷的活动：扔石头、投掷带尖的棍子等。电竞游戏分为单机游戏、竞技游戏和网络游戏等。

■ 年轻人热衷的电竞游戏

■ 电子琴

■ 可以体验真实场景的VR眼镜

VR眼镜

VR眼镜是一种虚拟现实头戴显示器的设备。它是利用仿真技术与计算机图形学、人机接口技术、多媒体技术、传感技术、网络技术等多种技术集合的产品，是借助计算机及最新传感器技术创造的一种崭新的人机交互手段。作为一个跨时代的产品，不仅为每一个爱好者带来惊奇和欣喜的体验，感受到漫游真实场景的刺激，更为其诞生与前景的未知而深深着迷。

电视机的发明

1900年，国际电联会议报告中第一次正式使用“电视”一词。科学家和发明家一直在研究如何利用无线电波同时传送声音和影像——也就是电视机的工作原理。1925年，英国科学家贝尔德（John Logie Baird）发明了世界上第一台电视机。电视机是20世纪最伟大的发明，也是人类研究和利用电能的一个里程碑。数字电视的机顶盒是一种能够让用户在现有模拟电视上观看数字电视节目，进行交互式数字化娱乐、教育和商业化活动的消费业电子产品。

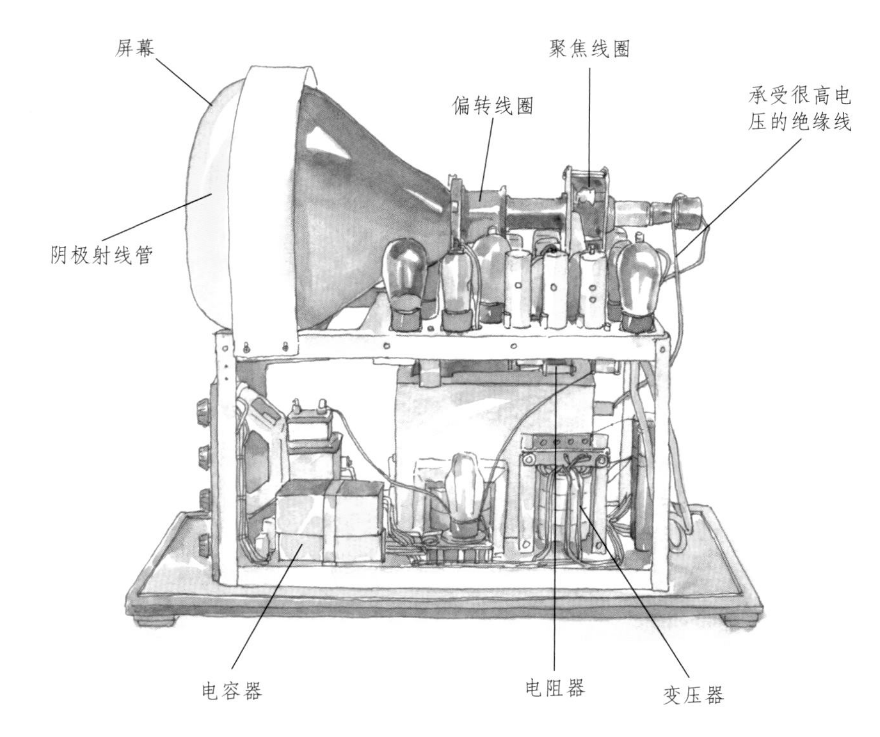

■ 早期电视机结构示意图

远程视频

远程视频是指两个或两个以上不同地方的个人或群体，通过传输线路及多媒体设备，将声音、影像等互相传送，达到即时且互动的沟通。它是一种典型的图像通信，在通信的发送端，将图像和声音信号变成数字化信号，再在接收端把它重现为视觉、听觉可获取的信息。远程视频具有直观性强、信息量大等特点。人们利用它，不仅可以听到声音，还可以看到远方的人和物，可以实时对话，有身临其境之感。

■ 远程视频让沟通交流更直观

■ 新闻采访现场

数字电视

数字电视又称数位电视或数码电视，是指从演播室到发射、传输、接收过程中使用数字信号的电视系统或电视设备。与模拟电视相比，数字电视的信号损失小、接收效果好。数字电视提供的最重要的服务是视频点播。传统电视用户只能被动地收看电视台播放的节目，数字电视可以自由地选择节目，有更强的交互能力。数字电视还能收听广播、玩游戏，甚至可以实现利用电视实时进行股票交易、信息查询、网上冲浪等。数字电视的出现，使电视从单一的节目播放变成了可交流的平台。

■ 数字电视机顶盒

网络电视

网络电视（Internet Protocol Television，IPTV）基于宽带高速网络，以网络视频资源为主体，将电视机、个人电脑及手持设备作为显示终端，通过机顶盒或计算机接入宽带网络，实现数字电视、时移电视、互动电视等服务。网络电视的出现给人们带来了一种全新的电视观看方法，它改变了以往被动的电视观看模式，实现了电视以网络为基础按需观看、随看随停的便捷方式。

■ 高清网络电视

假如没有电

假如没有电，电饭锅、电热水器、电冰箱等家用电器立刻罢工，让你的生活杂乱无章。流光溢彩的城市之夜将陷入恐惧的黑暗之中，魅力不再。4小时从北京到上海的高铁将失去动力，停止不前。林立的高楼电梯失去动力，让你回不了家也上不了班。剧院的歌舞和音乐会的演出都要终止，有声变无声。南方40摄氏度的炎炎夏日空调无法输送凉风。北方寒冷的冬天，城市供热、家庭电暖气无法将温暖送到你的家中。

你是否想象过，如果生活在一个没有电的世界，你的生活将会是什么样子？你那片刻离不了的手机，将无法使用任何一项功能，即使它再智能；电话也打不了，信息发不出，微信联不上，你便成为生活的“孤岛”。电为我们点亮的不仅仅是光明，更是生活的航标灯。有了电，你便可以借助电的翅膀，飞向蓝天，领略生活的万千美景。

■ 空调房间凉爽舒适

■ 电气化厨房干净整洁

■ 家用电器使人生活更愉悦

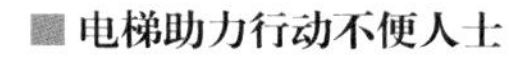

电梯助力行动不便人士

电网的“大脑”——调度中心

“电”亮生活

电，传播着光明，也传递着文明。洗衣机、电视机、电冰箱、计算机、手机，没有哪一种家用电器能够离开电。神奇的电，从遥远的火电厂、水电站、核电站，从风力场，从太阳能电站，从各种新能源电站，由跨越高山、河流、平原的电力线路，送到城市和乡村，再通过架空电线或地下电缆送到千家万户。如今电力的供应向综合能源服务转型，电力的使用正显现出更多的精彩！

名词解释

A

APP， P37

安装在智能手机上的软件，是英文application 的简称。APP使手机功能完善，是为用户提供更丰富的使用体验的技术手段。

C

超声波， P34

一种频率高于20000赫兹的声波，它的方向性好，穿透能力强，易于获得较集中的声能，在水中传播距离远，可用于测距、测速、清洗、焊接、碎石、杀菌消毒等。

充电宝， P23

一种个人可随身携带，自身能储备电能，主要为手持式移动设备如手机、笔记本电脑等充电的便携充电器。

厨余垃圾， P27

居民日常生活及食品加工、饮食服务、单位供餐等活动中产生的垃圾，包括丢弃不用的菜叶、剩菜、剩饭、果皮、蛋壳、茶渣、骨头等。

纯电动汽车， P22

一种完全由可充电电池如铅酸电池、镍镉电池、镍氢电池或锂离子电池等提供动力源的汽车。

D

电光源， P05

将电能转换为光能的器件或装置。

电热毯， P30

一种接触式电暖器具，它将特制的、绝缘性能达到标准的软索式电热元件呈盘蛇状织入或缝入毛毯里，通电时即发出热量。

G

干电池， P08

一种以糊状电解液来产生直流电的化学电池，常用作手电筒照明、收音机等的电源。

固体发光， P05

电磁波、电能、机械能及化学能等作用到固体上而被转化为光能的一种现象。

光纤， P15

一种由玻璃或塑料制成的纤维，可作为光传导工具，是光导纤维的简称。

H

惠斯通电桥， P12

一种由4个电阻组成，用来测量其中一个电阻阻值（其余3个电阻阻值已知）的装置，又称单臂电桥。

混合动力汽车， P22

广义而言，混合动力汽车的驱动系统由两个或多个能同时运转的单个驱动系统联合组成，比如传统的内燃机（柴油机或汽油机）和电动机混合作为动力源。

J

机顶盒， P54

以燃油发动机与电动机作为组合动力，利用一定容量的电池，通过能量控制系统，提供车辆行驶动力的汽车。

L

锂电池， P17

一类由锂金属或锂合金为负极材料、使用非水电解质溶液的电池。

M

煤油， P03

一种化学物质，属于轻质石油产品的一类，由天然石油或人造石油经分馏或裂化而得。

摩擦起电， P04

用摩擦的方法使两个不同的物体带电的现象。

N

霓虹灯， P10

用充有稀薄氖气或其他稀有气体的通电玻璃管或灯泡制成的一种冷阴极气体放电灯，其辐射光谱具有极强的穿透力，因而色彩鲜艳、绚丽多姿，发光效率高。

Q

气体放电， P05

干燥气体通常是良好的绝缘体，但当气体中存在自由带电粒子时，它就变为电的导体。这时如在气体中安置两个电极并加上电压，就有电流通过气体，这个现象称为气体放电。

R

燃料电池，P22

一种把燃料所具有的化学能直接转换成电能的化学装置，又称电化学发电器。

热辐射，P06

物体由于具有温度而辐射电磁波的一种现象，属于热量传递的三种方式之一即导热、热对流、热辐射。

S

剩余电流，P46

低压配电线路中各相（含中性线）电流相量和不为零的电流，也叫过剩电流。

视频信号，P51

包含电视信号、静止图像信号和可视电视图像信号，支持NTSC、PAL、SECAM三种制式。

V

VR，P53

一项在20世纪发展起来的虚拟现实技术，英文名称为Virtual Reality，缩写为VR。

W

网络游戏，P18，P53

一种以互联网为传输媒介，以游戏运营商服务器和用户计算机为处理终端，以游戏客户端软件为信息交互窗口的旨在实现娱乐、休闲、交流和取得虚拟成就的具有可持续性的个体性多人在线游戏，简称网游，又称在线游戏。

微波，P29

无线电波中一个有限频带的简称，即波长在0.1毫米~1米之间、频率在300兆赫兹～300吉赫兹之间的电磁波，是分米波、厘米波、毫米波、亚毫米波的统称。

Y

亚历山大灯塔，P08

又称法罗斯塔公元前约270年，希腊建筑师索斯特拉图斯在法罗斯岛东端建造了世界上第一座灯塔，为古代世界著名的七大奇迹之一。

移动电源，P23

一种对手持式移动设备进行充电的便携式充电器。

音频信号，P50

一种带有语音、音乐和音效的有规律的声波的频率、幅度变化信息载体。根据声波的不同特征，可将音频信息分类为规则音频和不规则声音。其中规则音频又可以分为语音、音乐和音效。规则音频是一种连续变化的模拟信号，可用一条连续的曲线来表示，称为声波。

荧光灯，P07

俗称日光灯，是利用低压汞蒸气放电产生的紫外线激发涂在灯管的荧光粉而发光的器件。

浴霸，P30

一种通过特制的防水红外线热波管和换气扇的巧妙组合将浴室的取暖、红外线理疗、浴室换气、装饰等多种功能结合于一体的浴用小家电产品。

远程通信，P13

一种在连接的系统间，通过使用模拟或数字信号调制技术进行的声音、数据、传真、图像、音频、视频和其他信息的电子传输。

Z

镇流器，P07

一种在日光灯上起限流作用和产生瞬间高压的设备，在瞬间开/关时，就会自感产生高压，加在日光灯管的两端的电极（灯丝）上，使灯管正常发光。

智能手机，P16，P17，P25，P40

一种具有独立的操作系统和运行空间，用户可自行安装第三方服务商提供的应用软件，可以通过移动通信网络来实现无线网络接入的手机类型的总称。

智能终端，P17，P18，P36

利用互联网技术，支持音频、视频、数据传输等方面的功能的电脑、平板、手机等设备的总称。

内容索引